초등 1학년
학습 성장의
모든 것

초등 1학년
학습 성장의 모든 것

초판 1쇄 발행 2021년 5월 20일

지은이 박현수
펴낸이 이형세
펴낸곳 테크빌교육(주)
편집 김계옥 | **디자인** 곰곰사무소 | **제작** | 제이오엘엔피
주소 서울시 강남구 언주로 551, 프라자빌딩 5층/8층 | **전화** (02)3442-7783(333)

ISBN 979-11-6346-123-4 03590

테크빌 교육 채널에서 교육 정보와 다양한 영상 자료, 이벤트를 만나세요!

블로그 blog.naver.com/njoyschoolbooks	**페이스북** facebook.com./teachville
티처빌 teacherville.co.kr	**키즈티처빌** kids.teacherville.co.kr
쌤동네 ssam.teacherville.co.kr	**티처몰** shop.teacherville.co.kr

평생 공부 습관, 초1 때 결정된다

초등 1학년 학습 성장의 모든 것

하니쌤[박현수] 지음

테크빌교육

차례

1장 초등 1학년 국어 학습 성장

4장 초등 1학년 학습 성장을 위한 학습 관리

설렘만큼이나 걱정과 두려움이 앞설 때

부모님들에게도, 아이들에게도 초등학교 입학은 정말 큰 의미를 가지고 있어요. 초등 1학년은 품 안에 있던 아이들이 더 넓고 큰 세상을 향해 첫걸음을 내딛는 시기이기에, 우리 아이들이 두근두근 가슴 뛰는 설렘만큼이나 걱정과 두려움을 크게 가질 수 있습니다.

초등학교에 입학하는 아이를 둔 부모님 역시 마음이 설레고, 우리 아이가 잘 적응할 수 있을지 걱정이 되기도 할 거예요. 아이의 학습에 부족한 건 없는지 점검하고 바쁘게 보내면서도 아이가 정말 잘하고 있는 건지 걱정이 될 때가 있을 거고요. 학습 준비가 잘 되어 있어도, 아이가 학교에서 친구들, 선생님과 잘 생활하고 있는지 걱정이 되기도 할 거예요. 이럴 때 어떻게 하세요?

저는 유치원 원감 교사로 근무한 경험과 교육 이론을 토대로 제 아이 하랑이를 지도하면서, 책의 도움을 많이 받았어요. 우리 엄마들은 다 초보예요. 걱정이 되는 건 당연해요. 이럴 땐 책의 도움을 받아보세요. 내가 궁금했던 내용이 책에 담겨 있다는 것을 한 단락만 읽어보고 느낄 수 있다면 앉은자리에서 책 한 권을 다 읽을 수도 있는데요, 이 책은 엄마가 초등 1학년 아이의 학습에 대해 궁금한 내용과 꼭 알아야 하는 내용이 담긴 책이라 그렇게 읽을 수 있는 책이에요.

책의 권수에 신경 쓴 책 읽기가 아닌 학습 역량을 키울 수 있도록 하는 책 읽기, 아이의 수준을 고려한 쓰기 학습, 문제집 중심이 아닌 교과에 나오는 개념과 원리 이해를 우선하는 수학 학습, 아이의 발달 특성에 맞는 구체물을 활용한 수학 활동, 아이의 역량을 길러줄 수 있는 학습 관리 방법 등 초등 1학년 공부에서 부모님이 꼭 알아야 할 중요한 내용을 이 책에서 하니쌤이 하나하나 체계적으로 알려주고 있어요. 게다가 아이가 학습을 해나갈 때 외롭지 않도록 부모님이 아이의 마음을 잘 읽어주기 위한 대화 방법까지 말이죠.

이 책《초등 1학년 학습 성장의 모든 것》의 한 줄, 한 줄이 초등 공부의 첫 단추를 제대로 잘 채우는 데 도움이 될 거라고 생각해요. 읽는 것에서 끝나는 것이 아니라 어떻게 활용하고 실천해야 하는지까지 알려주고 있으니, 책에 나온 내용을 꾸준하게 실천해보시면 좋겠어요. 그러면 1년 뒤 우리 아이의 학습 능력은 큰 성장을 이룰 거라고 생각해요.

우리 아이의 초등 학습 준비를 잘 돕고 싶다면, 또 우리 아이가 학습을 위한 기초 역량을 잘 갖추기를 원한다면 이 책을 꼭 읽어보세요. 아이의 초등 학습의 큰그림을 보다 잘 그릴 수 있을 거예요.

하랑이맘유희(네이버 카페 '행복한 책육아' 매니저)

지금 알고 있는 걸 그때도 알았더라면

학교의 '처음'을 시작하는 '1학년'은 아이들과 부모님에게 설렘과 기대, 그리고 즐거움을 안겨줍니다. 교사인 저도 1학년 담임을 맡게 되면, 입학식을 준비하며 어느 때보다 설레고 분주한 새 학년을 맞이합니다.

드디어 3월, 호기심 가득한 초롱초롱한 눈망울로 교실에 앉아 있는 1학년 우리 아이들을 보면 한 명, 한 명이 너무 소중하고 사랑스럽기만 합니다. 선생님의 말 하나하나를 잘 새겨들으려고 애쓰고, 공부 시간과 쉬는 시간을 지키려고 노력하며, 친구들과 사이좋게 지내려고 배려하는 마음이 느껴지거든요. 하물며 각 가정에서 1학년이 된 우리 자녀를 바라보는 부모님은 얼마나 흐뭇하고 행복하실까요?

그런데 학부모 상담 주간을 통해 만난 우리 부모님들은 저와는 조금 다른 부분에서 학교생활을 바라보고 계셨습니다. 기대했던 '학교생활에 대한 행복감'보다 오히려 '학습에 대한 불안감'이 컸습니다. "수학을 어떻게 공부시킬까요?", "어느 학원이 좋을까요?", "선행과 복습 중에 어떤 게 좋을까요?" 등 아이의 성장이 대견하면서도 학습 면에서 막막하고 불안한 마음이 크셨던 것 같았습니다.

　많은 학부모님들이 아이의 더 나은 학습 성장을 위해 온갖 책을 읽고, 강연을 듣거나 여러 학원을 보내는 경우를 봅니다. 교사인 저도 학부모이기에, 학부모님과 같은 자리에서 함께 고민해보았습니다. 너무 과해도, 지나치게 앞서가도 안 된다지만 자녀에게 꼭 필요한 만큼의 똑똑한 개입을 언제부터 어떻게 하면 좋을까? 이에 대해 고민하던 저에게, 이 책《초등 1학년 학습 성장의 모든 것》은 좋은 길잡이가 되어주었습니다.

　'지금 알고 있는 걸 그때도 알았더라면'(킴벌리 커버거), 저도 제 아이들이 초등학교 1학년일 때《초등 1학년 학습 성장의 모든 것》을 읽었다면 얼마나 좋았을까요! 아이들의 바람직한 1학년 학습 성장을 위해 부모님의 성찰과 고민이 머무는 곳, 부모님의 손길이 닿는 곳에서부터 우리 아이들은 배우고 자라게 될 것입니다. 지금 1학년 자녀를 둔 학부모님께 아이들의 행복한 학습 성장을 꿈꾸며 이 책을 추천합니다.

박정선 하백초등학교 교사(16년차 교사이자 두 아이의 엄마)

초등 1학년, 아이와 부모가 함께 성장하는 시간

"아이가 글쓰기를 싫어하는데 어떻게 해야 할까요?"

"아이가 교과서 내용을 이해하지 못하는데 도와줄 방법이 없을까요?"

"아이가 수학을 너무 어려워해요. 어떻게 하면 좋을까요?"

어떤 학년이든 상관없이 초등학교 담임을 하며 수없이 받은 질문들입니다. 가능하면 아이의 수준에서 가장 좋은 방법을 안내했지만, 고학년 자녀를 키우는 부모님께 이런 질문을 받으면 답하기가 쉽지 않습니다. 사실 초등 1학년 때부터 생긴 학습 공백을 메우는 일은 정말 어렵기 때문입니다. 게다가 아이에게 이미 형성된 학습 습관과 학습 정서를 바꾸기란 더욱 힘든 일이죠.

교육은 큰그림을 그리는 데서 시작해야 합니다. 아이가 성인이 되었을 때, 고등학생이 되었을 때, 중학생이 되었을 때, 초등학교 고학년이 되었을 때 어떤 모습이길 바라는지 생각해보면 '초등 1학년'이 왜 중요한 시기인지 알 수 있습니다. 상급 학년으로 올라갈수록 아이가 학습에 어려움을 겪는 이유는 탄탄한 기초 지식과 기능을 제대로 갖추지 못했기 때문입니다. 아이가 학습과 관련된 지식과 기능을 갖추는 일, 즉 본격적인 학습은 초등 1학년 때 시작됩니다.

초등 1학년은 아이가 학습을 향한 긴 여정을 시작하는 시기입니다. 앞으로 학습하는 데 필요한 기초적인 지식과 기능을 익히고, 학습 습관과 정서를 갖춰나가는 시기죠. 자기 생각을 글로 쓰는 일, 교과서를 읽고 내용을 이해하는 일, 수학 개념과 원리를 이해하는 일은 초등 1학년 때 배우는 기초 학습 능력과 관련되어 있습니다. 또, 아이가 학습이 싫더라도 해내려는 마음, 주어진 학습을 정성껏 하는 마음을 갖추는 것도 역시 초등 1학년 때부터 이뤄져야 합니다.

초등 1학년 담임으로 아이들을 가르치며, 가정에서 아이의 학습에 관심을 가지고 도와주는 일이 상당히 중요하다는 걸 깨달았습니다. 초등 1학년 교실 안에 있는 아이들 중 학습 성장이 뛰어난 아이들의 공통점은 '가정에서 아이의 학습에 관심을 갖고 도와준다는 점'이었거든요. 그래서 저는 교육자로서 쌓아온 경험과 연구를 바탕으로 제 아이가 초등 1학년에 입학했을 때 곁에서 학습을 도와주었습니다. 이때 제가 한 일은 선행을 달리거나 무조건 100점을 맞게 하는 것이 아니었죠. 앞으로 아이가 학습을 하는 데 필요한 기본을 탄탄하게 해주는 일, 학습에 대한 긍정적 정서를 가지게 해주는 일, 좋은 학습 습관을 갖게 하는 일에 중점을 두었습니다. 기쁘게도 제 아이는 책을 즐겨 읽고, 학교생활을 건강하게 잘 해나가고 있으며, 학습에서 성취감을 느낄 줄 압니다.

2020년에는 코로나19로 아이와 집에 있는 시간이 길어지면서 부모님들로부터 아이 학습과 관련된 질문을 많이 받았습니다. 아이의 학습을 도와주고 싶으나, 어떻게 해야 할지 몰라서 어려움을 겪는 부모님들의 질문이었죠. 부모님이 아이의 학습을 도와주고 싶다고 생각하는 것만으로도 저는 행복해져서 열심히 답변해드렸습니다. 부모님들로부터 "선생님 덕분에 지금 우리 아이에게 무엇이 필요한지 알게 되었어요!", "이제 우리 아이 학습을 어떻게 도와줘야 하는지 알 것 같아요!", "아이가 조금씩 성장하는 모습이 보여요!"라는 답변이 돌아올 때마다 마음이 뭉클했습니다. 무엇보다도 "아이도 성장했지만 무엇보다도 제가 성장할 수 있는 시간이었어요!"라는 말은 감동으로 다가왔습니다. 그렇습니다. 아이의 학습 성장을 제대로 돕기 위해선 부모님의 성장이 필요합니다. 아이를 바라보는 눈, 학습을 바라보는 눈을 갖추어야 함과 동시에 부모님이 아이의 좋은 본보기가 되어야 하니까요.

그동안 학교에서 아이들을 가르친 경험과 교육에 대해 심도 깊게 연구한 경험을 바탕으로 실제 제 아이의 학습 성장을 도운 경험, 더 나아가 주변 부모님들로 하여금 자녀의 학습 성장을 잘 도울 수 있도록 한 경험을 모두 모아 이 책에 담았습니다. 우리 아이에게 평생 한 번밖에 없을 초등 1학년 시기를 알차게 잘 보낼 수 있도록 도와주세요. 이 책을 통해 아이도 부모님도 성장할 수 있는 시간이 되기를 바랍니다.

자녀교육에 대해 더 깊이 있는 생각을 할 수 있게 도와준 '행복한 책 육아' 카페 매니저 하랑이맘유희님, 카페 식구들, 초등학교 입학을 앞두고 자녀들의 학습 성장을 도우며 함께하는 힘을 알게 해준 '예비 초등 스터디' 멤버들, 이 책이 나오기까지 도움을 주신 출판사 관계자 분들, 그동안 교실에서 저와 함께했던 아이들과 저를 믿고 따라주신 부모님들, 교육에 대한 생각을 함께 나눈 동료 선생님들, 다양한 경험을 통해 진정한 배움이 무엇인지 알게 해주신 부모님, 원고를 쓰는 과정에서 늘 힘이 되어준 같은 교육자의 길을 걷고 있는 남편, 초등 1학년 시기를 엄마와 함께 잘 보내준 멋진 아들 하니에게 이 지면을 통해 감사 인사를 전합니다. 마지막으로 제가 지금 이 곳에 있게 해주시고 지칠 때마다 힘이 되어주신 하나님께 감사드립니다.

오월의 한가운데서
박현수 드림

초등 1학년은 어떤 시기일까?

본격적인 학습을 시작하는 시기

"우리 아이가 벌써 초등학교 1학년이라니! 올해 초등학교에 입학하는데 뭘 준비해야 하나요?"

"아직도 아기 같기만 한데, 우리 아이가 학교생활에 잘 적응할 수 있을까요? 초등 1학년이 되면 유치원 때와 어떤 점이 달라질까요?"

초등학교 교사로 10년 넘게 근무하면서 예비 학부모님들로부터 이런 질문을 많이 받습니다. 초등학교 1학년은, 아이들이 유아교육기관인 유치원이나 어린이집을 졸업하고, 초등교육기관인 초등학교로 입학하면서 교육 환경이 크게 변화하는 시기입니다. 사회에서 본격적으로 학습을 시작하기로 정한 시기이기도 합니다. 초등학교에 입학하면 1교시부터 4, 5교시까지 정해진 시간표에 따라 공부해야 하죠. 초등학교 1학년 교실이 예전에 비해 자유로운 분위기고, 한 학기 동안은 한글 학습에 집중하는 등, 학습 부담을 줄이는 방향으로 나아가고는 있지만 그래도 학교는 교육기관입니다.

본격적인 학습을 시작하는 초등학교 1학년 시기에 아이가 학습에 대해 가지는 생각과 인식은 앞으로 그 아이가 해나갈 학습에 큰 영향을 미칩니다. 아이의 성향과 수준을 고려해 지금보다 한 단계 더 성장할 수 있게 학습을 돕는 부모님이 있고, 아이의 성향과 수준을 고려하지 않은 채 무조건 학습만 강요하는 부모님이 있다고 생각해보세요. 과연 어떤 부모님이 아이에게 학습에 대한 긍정적인 생각과 인식을 갖게 할 수 있을까요?

기초 학습 능력을 갖추는 시기

학년이 올라갈수록 배우는 교과와 내용이 많아지고, 수준도 높아집니다. 초등학교 3학년부터 사회·과학·영어 교과가 추가되고, 수학에서는 분수가 등장하죠. 이런 이유로 학년이 올라갈수록 학습에 어려움을 겪는 아이들이 많아집니다. 학년이 높으면 높을수록 아이의 학습을 도와주는 것도 더욱 어려워집니다. 아이의 자아가 뚜렷해지면서 부모님이 원하는 대로 행동하기보다는 자기 의지대로 행동하기 때문입니다.

학습이 어려운 원인을 보면 기초 학습 능력이 부족한 경우가 많죠. 어떤 공부를 하기 위해서 필요한 능력이 있는데, 그 능력이 잘 갖추어지지 않은 경우가 많다는 것입니다. 예를 들어, 사회 학습에서 무역에 대해 배울 때는 이를 설명하는 글을 읽고 이해하는 능력이 필요합니다. 과학 학습에서 자신이 실험한 결과를 기록하려면 쓰기 능력이 필요합니다. 수학 학습에서 곱셈을 하려면 그 이전에 덧셈 연산 능력이 제대로 갖춰져 있어야 합니다. 아이가 학습에 어려움이 있을 때 어느 지점에서 막혔는지 찾아서 그 지점부터 풀어야 하는데, 아이의 학년이 높을수록 이 지점을 찾아서 풀기가 쉽지 않습니다. 그동안 쌓아온 교과 내용도 많고, 기껏 어느 지점에서 막혔는지 찾았더라도 그걸 하나씩 하나씩 풀어내는 데 시간과 에너지가 많이 들기 때문입니다.

초등학교 1학년은 학습을 시작하는 단계인 동시에 기초 학습 능력을 갖추는 걸 강조하는 단계입니다. 이 시기부터 아이의 수준을 생각하며 지금 수준보다 한 단계 더 성장하기 위한 학습을 할 수 있게 돕는다면 이후 학습을 위한 기반을 차근차근 마련해갈 수 있습니다.

학습 습관을 갖추기 좋은 시기

초등학교 1학년은 학습 습관을 갖추기 좋은 시기입니다. 유아기에 비해 아이와 의사소통이 효과적으로 잘되면서도 아직 아이가 부모님의 이야기에 따르려는 마음을 가지고 있기 때문입니다. 제가 초등학교 1학년 담임을 할 때 중요하게 생각하는 것 중에 하나가 '습관'입니다. 저는 '기본 생활 습관'과 '학습 습관'을 갖추는 걸 강조합니다. 학년이 올라갈수록 이미 갖춰진 습관을 바꾸는 일이 쉽지 않기 때문이죠. 고학년이 되면 자기 생각이 강해지고 가족보다는 친구와의 관계가 점점 중요해지면서 부모님의 이야기를 잘 듣지 않으려는 경향이 있습니다.

초등학교 1학년은 습관을 만들어가는 시기입니다. 이 시기에 학습 습관을 어떻게 만드는지가 아이의 평생 학습을 좌우한다고 해도 과언은 아닙니다. 초등학교 1학년 시기 이후 어느 시점에 아이가 갑작스러운 심정의 변화로 습관을 바꿀 수도 있습니다. 하지만 이미 학습 습관을 잘 갖춘 다른 아이들과의 학습 격차를 메우는 건 쉬운 일이 아닙니다.

초등학교가 아이의 학습 성장에 어떤 의미를 가질까요?

8세 아이에게 가장 큰 이벤트는 '초등학교 입학'입니다. 아이에게 '초등학교'란 어떤 의미를 가질까요? 그리고 아이의 학습 성장에 '초등학교'는 어떤 영향을 줄까요?

학교는 단순히 '공부만 하는 곳'이 아닙니다. 아이 입장에서 가정과 학교의 가장 큰 차이점은 가정은 본인에게 친숙하고 적은 수의 사람들로 구성돼 있지만, 학교는 선생님과 다양한 성향의 여러 친구들로 구성돼 있다는 것입니다. 그동안 아이의 학습 성장은 아이 자신과 가족 중심으로 이뤄졌습니다. 하지만 초등학교에 입학한 후에는 아이 자신과 가족은 물론이고 선생님, 친구들까지 학습 성장에 영향을 미치게 됩니다. 즉, 학교에서 다양한 성향의 아이들과 함께 공부하고 생활하면서 아이의 학습 성장이 이뤄집니다.

초등학교가 아이에게 가지는 의미

초등학교에 입학하면서 아이의 사회는 확장됩니다. 유아기까지 주로 부모님과 가족 중심으로 이뤄졌던 상호작용이 초등학교에 입학한 이후에는 친구들과 선생님까지 그 범위가 넓어집니다. 그리고 학년이 올라갈수록 친구의 영향력은 더욱 커집니다.

학교에 입학한 아이는 친구들과 함께 다양한 교과를 공부하고 여럿이서 생활하는 방법을 익힙니다. 또, 서로 함께 생활하다 보면 갈등이 생길 수 있다는 걸 알게 되고, 갈등을 해결하기 위한 방법도 배웁니다. 학교에서 생활하면서 아이의 학습 성장은 계속 일어납니다. 이런 학습 성장이 어떻게 이뤄지는지 부모님이 알 수 있다면, 아이에게 도움을 주기 위한 방향도 잘 잡을 수 있을 것입니다.

초등학교 1학년, 앞으로 학습에 꼭 필요한 것

초등 1학년 학습 지도에서 가장 중점으로 둘 건 기초 학습 능력을 갖추는 일입니다. 기초 학습 능력은 '읽기, 쓰기, 셈하기'를 말합니다. 이런 기초 학습 능력은 아이가 학년이 올라가면서 학습을 해나갈 때 꼭 필요한 능력으로, 기초 학습 능력이 잘 갖추어져야 어려운 학습을 수월하게 할 수 있습니다.

기본 생활 습관, 학습 습관, 바른 인성

아이가 교과 지식만 잘 갖춘다고 학습 성장이 잘 이뤄지는 건 아닙니다. 초등 1학년 때 배우는 교과 지식은 양이 적고, 기초 수준에 해당하는 내용입니다. 하지만 학년이 올라갈수록 배워야 할 교과 지식이 많아지고, 수준도 높아집니다. 그리고 그만큼 공부해야 할 시간도 많아집니다. 이 시기를 대비해서 아이가 갖추어야 할 것이 '기본 생활 습관, 학습 습관, 그리고 바른 인성'입니다. 생활 습관이 잘 잡히고 바른 인성을 갖춘 아이는 고학년이 되어서도 학습을 대하는 태도가 바르기 때문입니다.

이 책은 '기초 학습 능력을 위한 국어 학습법과 수학 학습법', '올바른 학습 태도와 삶의 자세를 위한 좋은 습관과 바른 인성 갖추기', '아이의 학습 관리법과 학습 성장을 돕는 대화법'을 담고 있습니다. 이 책을 통해 부모님들은 아이의 학습 성장을 효과적으로 도울 수 있을 것입니다.

포스트 코로나 시대, 교육의 혁신을 선도하다!

테크빌교육
2021 도서목록

온라인에도 오프라인에도 번아웃 없는
슬기로운 교사생활을 위한 1년 40주 학급운영

방과 후에도 끝없이 이어지는 교사의 업무. 번아웃 없이 건강하게 학급운영을 하려면 어떻게 해야 할까? 이 책은 교사가 매달, 매주 마주칠 수밖에 없는 다양한 업무와 그에 따른 감정문제를 긍정적으로 해소하고 교사로서 주관 있게 살아가는 방법을 명쾌하고 따뜻하게 안내하고 있다.

열두 달 학급경영과 교사의 마음 돌보기
이진영 지음, 정원상 그림 | 값 18,000원

교사 자신만의 새로운 수업을 위한 교육 패러다임의 변화

"변화의 중심에서,
더 나은 교육현장을 위해!"

수업이 즐거워야 선생님도 학생도 행복하다

창의융합형 인재를 원하는 미래 사회를 위해 교사 또한 새로운 전문성을 갖추길 요구받는다. 교육과정–수업–평가–기록의 일체화를 위해 고민하는 전국의 중·고등 교사들을 위해 프로젝트 수업, 토의·토론 수업, 비주얼씽킹 수업, 하브루타 수업 등 다양한 수업과 평가, 기록의 사례를 담았다.

수업이 즐거운 교육과정–수업–평가–기록의 일체화
교육과정–수업–평가–기록의 일체화 연구회 지음 | 값 18,000원

교육과정–수업–평가–기록 일체화와 과정중심평가 KEY

"교사가 전문직인 이유,
바로 교육과정 문해력입니다"

학생 중심 교육을 실천하기 위해
교사가 반드시 알고 있어야 할 교육과정 문해력!

교육과정 문해력, 교육과정–수업–평가–기록 일체화, 과정중심평가에 대한 담론과 논의는 물론이고, 저자가 다양한 학교 현장에서 실천했던 교육과정 문해력과 교육과정–수업–평가–기록 일체화, 과정중심평가를 위한 20가지 실천 가이드를 담고 있다.

교육과정 문해력
유영식 지음 | 값 16,000원

낯설지만 익숙한 미래교육의 새로운 토대 만들기

"포스트 코로나 시대,
학교는 어떻게 존재할 것인가?"

낯설지만 익숙한 미래교육의 새로운 토대 만들기

코로나 팬데믹으로 교육행정 및 교육정책의 혼선 속에서 학교가 어떻게 수업을 진행하고 있으며, 이 과정에서 겪는 어려움은 무엇이고, 교원들의 공동 연구 및 실천을 통해 어떻게 극복하고 있는지 살펴보았다. 또한 그 가운데 학교는 사람에 대한 존중과 협력이 있기에 존재하는 곳임을 강조하며 미래교육의 방향을 탐색하고 있다.

소환된 미래교육: 포스트 코로나 시대의 학교를 바라보다
구소희 외 9인 지음 | 15,000원

가르치지 말고 플레이하라

"보드게임, 빅게임, 소프트웨어, 콘텐츠 저작권
교과 학습부터 학급 운영, 진로 지도 활용까지"

게임 활용 수업 최강 입문서

게이미피케이션 최강 전문가 6인이 말하는 교실 게이미피케이션의 모든 것. 교실 게이미피케이션에 대한 기본 지식은 물론 국어, 수학, 과학, 사회 등 교과 수업에 활용할 수 있는 게임부터 학급 운영, 진로 지도에 활용할 수 있는 게임, 그리고 온라인상에 있는 훌륭한 교육 게이미피케이션 도구와 콘텐츠 저작권에 대한 주요 내용을 알려준다.

교실 게이미피케이션
김상균 · 김무광 · 최은주 · 조기성 · 김기정 · 문미경 지음 | 15,000원

줌 기초부터 학생 중심 온라인 수업까지

"온라인 수업,
어떻게 하면 더 잘할 수 있을까?"

더 유익하고 더 재미있는 온라인 수업을 고민한
선생님들의 온라인 수업사례 90

4명의 교사가 모여 함께 연구하고 시도한 줌 수업 결과물
모음집. 실시간 쌍방향 줌 수업의 기초, 활용법, 다양한 수업
사례를 담고 있다. 줌 수업에 필요한 도구와 장비, 집중도
있는 학생 참여 수업을 위한 팁, 아이디어가 톡톡 튀는 새로
운 수업 사례 등을 만나 볼 수 있다.

줌 수업에 날개를 달아 줌
김란, 이슬기, 장세영, 황성환 지음 | 값 18,000원

드로잉 기초, 교과별 그림, 교실 꾸미기

"수업에서, 일상에서 이미지를
아주 쉽게 활용하는 특별한 방법"

교사와 학생이 그림에 자신감을 갖게 해 주는
친절한 이미지 활용 안내서, 기초부터 완성까지

수업, 공책 필기, PPT를 빛내 줄 이미지 활용법을 만나 볼
수 있을 뿐 아니라 학급 운영과 교실 환경 꾸미기에 쓸 디
지털 자료 쉽게 만드는 법도 확인해 볼 수 있다. 그리기 기
초부터 이미지 활용법까지 꼼꼼하고 탄탄하게 구성되어 있
어서 기초부터 완성까지 차근차근 따라갈 수 있다.

수업이 즐거운 손그림 그리기
정원상 지음 | 값 18,500원

1장

초등 1학년
국어 학습
성장

"아이가 수학 문장제를 하나도 못 풀어요."

"아이가 글자는 읽는데, 문장의 뜻을 파악을 못해요."

상당수 학부모님들이 이런 상담을 해오는데요, 대부분 이런 문제는 국어 능력이 부족한 아이들에게서 일어납니다. 어떤 학부모님들은 국어보다는 수학이나 영어 능력을 아이에게 더 키워주고 싶어 합니다. 그러나 아이의 기초 학습 능력을 갖추기 위해 우리가 신경 써야 할 것은 '국어'입니다. 글을 읽고 해석하는 능력, 자기 생각을 말이나 글로 풀어내는 능력 모두 국어 교과 학습과 연결돼 있습니다. 그리고 이런 능력은 다른 교과 학습을 위해서도 꼭 필요한 능력입니다.

우리 아이들은 학년이 점차 올라가면서 평가받는 상황을 많이 접하는데요. 최근 평가는 단순히 보기 중에서 고르는 문제만 나오지 않습니다. 학생들이 알고 있는 걸 평가자가 이해할 수 있게 말이나 글로 표현해야 하는 문제의 비중이 늘어난 것이죠. 자신이 알고 있는 걸 말이나 글로 표현하는 능력이 더욱 중요해졌습니다.

국어는 저학년 때부터 잡아주는 것이 좋습니다. 국어 능력이 뒷받침되지 않으면 다른 교과 학습에 어려움을 겪기 때문입니다. 국어 능력이 부족한 아이는 수학 문장제를 푸는 데 어려움을 겪기 쉽죠. 그리고 이런 어려움이 누적되면 아이는 '난 수학을 못해. 수학은 재미없어.'라고 수학에 대한 거부감까지 느낄 수 있습니다. 따라서 초등 저학년 시기에 여러 교과 학습을 수월하게 하기 위해서라도 국어 교과의 학습 성장에 신경 쓰는 것이 좋습니다.

국어 학습 성장을 도울 수 있는 방법

1. 한글 공부하기

한글은 아이의 학습 성장에 꼭 갖추어야 할 요소라는 사실에 대부분 동의할 것입니다. 한글이 학습 성장에 꼭 갖추어야 할 요소임을 알고 있다면, 아이가 한글을 잘 익힐 수 있는 환경부터 조성해줘야 합니다. 알면서 가만히 있는 건 좋지 않은 전략입니다. 아이가 초등학교 입학을 앞두고 있거나 이미 초등학교 입학을 했다면 아이에게 한글을 많이 노출할 방법을 찾고, 한글을 잘 익히게 해야 합니다.

지도 팁 한글 공부는 언제, 어떻게 시작하는지가 중요합니다. 한글을 언제 익히면 좋다는 건 딱 정해져 있지 않습니다. 아이마다 시작하기 좋은 시기가 다르기 때문입니다. 하지만 아이의 학습 성장을 위해 가능하면 초등 입학 전, 최대한 늦어도 초등 1학년 여름방학까지는 완벽하게 떼는 것이 좋습니다. 따라서 '한글 익히기 지도'는 초등 1학년 아이만을 대상으로 하는 것이 아니라, 유아부터 초등 1학년까지를 대상으로 한다고 볼 수 있죠.

한글 공부를 시작해야 할 타이밍을 잡았다면, 아이가 한글을 어떻게 익히게 할 것인지 그 방법을 정해야 합니다. 처음부터 아이의 흥미도 고려하지 않고 학습적으로 시작하는 건 좋지 않습니다. 아이가 어릴수록 '무언가 하고 싶은 마음'이 들게 하려면 '흥미'와 연결시켜야 합니다.

그러면 한글 공부를 언제, 어떻게 시작하면 좋을지 좀 더 자세히 살펴보겠습니다.

한글 공부는 언제 시작하면 좋을까?

한글 공부는 아이가 준비가 되었을 때, 즉 한글에 흥미를 보일 때 시작하는 것이 좋습니다. 한글 공부를 시작하는 시기에 대한 의견은 다양합니다. 아이의 좌뇌, 우뇌 발달을 고려해 너무 빨리 시작하지 말라는 사람도 있고, 언어는 빠를수록 좋다는 사람도 있습니다. 하지만 아이들은 제각기 성장하는 속도가 다르기에 어떤 것이 딱 정답이라고 하기 어렵습니다. 언어 면에서 빠른 발달을 보이는 아이도 있는 반면, 느린 발달을 보이는 아이도 있습니다.

언어 발달이 빠르고 언어에 흥미가 많은 아이에게 "한글을 빨리 배우면 우뇌 발달에 방해되니까 무조건 만 5세 이후에 배워야 해."라고 하면서 한글 공부를 미룰 필요는 없습니다. 반면에 언어 발달이 느린 아이에게 조급한 마음으로 너무 어린 나이부터 한글을 가르치거나 한글 교구, 교재를 들일 필요도 없습니다. 물론 언어 발달이 느린 아이라면 좀 더 언어를 많이 경험할 수 있는 환경을 제공하고, 필요에 따라 전문가의 도움을 받아야 할 수는 있습니다. 하지만 아직 학교 입학까지 여유가 있는 아이에게 발달 속도에 비해 부담이 될 정도로 한글 공부를 시키는 건 효과적이지 않습니다.

그렇다고 아이가 준비되었을 때 한글 공부를 시작해야 한다고 해서 '언젠가 때가 알아서 오겠지.' 하는 생각으로 있으면 안 됩니다. 아이가 한글 공부를 할 준비를 갖추도록 노력해야 합니다.

한글 공부를 하기 좋은 시기는 '아이가 한글에 대한 흥미를 보일 때' 입니다. 한글에 대한 흥미를 보이기 시작한 아이는 생각보다 빠른 속도로 한글을 익히기 시작합니다. 따라서 부모님은 이 타이밍을 놓치지 않기 위해 노력해야 하며, 아이가 한글에 흥미를 보일 수 있게 도와줘야 합니다.

한글 공부를 돕기 위한 방법

① 본보기

아이 앞에서 한글을 사용하는 상황을 많이 보여줍니다. 예를 들어, 한글에 대한 관심을 끌기 위해서는 공책에 글씨를 쓰는 상황을 아이에게 많이 보여주면 좋습니다. 아이가 책을 많이 읽기 원하면 부모님부터 먼저 책을 많이 읽어야 합니다. 아이가 공부를 많이 하기 원하면 부모님이 먼저 공부하는 모습을 보여주세요. 아이가 한글 공부를 하기 원하면 부모님이 일상에서 한글을 사용하는 모습(책 읽기, 글쓰기 등)을 많이 보여줘야 합니다.

② 놀잇감은 조금만!

자극적인 놀잇감이 집에 많은 경우, 한글과 관련된 교재나 교구, 영상으로 아이의 주의를 끌기 어렵습니다. 이보다 더 재미있는 것들이 많은데, 한글에 관심을 보일 가능성이 줄어들겠죠. 집에 놀잇감을 줄이고 정말 필요할 때 가끔씩만 들이는 것이 좋습니다. 재미에 대한 자극이 적은 상태에서 한글 공부를 위한 교재, 교구를 들이면 아이가 이것들에 재미를 느껴서 효과적으로 사용할 수 있을 것입니다.

③ 칭찬과 격려는 적절하게! 하지만 아낌없이!

아이에게 "한글을 잘하는구나!" 하는 결과 중심의 칭찬보다는 한글에 관심을 보이거나 한글을 익히고 있는 그 과정을 칭찬하고 격려해주는 것이 좋습니다. 아이가 "아, 야, 어, 여-" 하고 한글 노래를 부를 땐 "한글 노래를 부르네!", 한글을 그림처럼 그리면서 쓰기 시작했을 땐 "한글을 쓰려고 하는구나!", 한글을 전보다 더 잘 쓰게 되었을 땐 "와! 열심히 한글 쓰는 연습을 하더니 전보다 더 잘 썼구나!"라고 구체적으로 과정을 칭찬하고 격려해주세요. 다른 아이와 비교하지 말고, 아이가 노력해서 전보다 한글을 더 잘 이해하게 되었을 때 칭찬과 격려를 해주는 것이 좋습니다.

④ 한글에 관심 가질 수 있게 하기

아이가 좋아하는 걸 이용해서 한글에 관심을 가질 수 있게 도울 수 있습니다. 한글 공부에 대한 부담이 크게 없는 4-5세 시기, 아이가 스티커북 놀이를 좋아할 때 한글 스티커북을 주거나 블록을 갖고 노는 걸 좋아할 때 한글 블록을 주면 좋습니다. 아이가 한글 스티커를 정답대로 붙이지 않고, 한글 블록을 갖고 하고 싶은 대로 놀더라도 뭐라 하지 마세요. 이런 교구들을 아이에게 주는 이유는 '한글에 대한 흥미'를 불러 일으키기 위한 것이지, 한글 공부를 위한 것이 아니기 때문입니다. 아이가 교구를 갖고 놀면서 통글자와 자음, 모음을 눈으로 익히고, 그 옆에서 글자를 읽어주면서 부담 없이 익히게 하는 것이죠. 아이에게 한글이 부담으로 다가오면 관심을 갖게 하기 어렵습니다.

하지만 아이가 이미 학교에 입학했다면 혹은 학교 입학을 앞두고 있다면 좀 더 학습적으로 접근해야 합니다. 아이가 학교에 들어갔다면 이미 한글을 배우기 시작했으므로, 아이가 틀리는 걸 그대로 둘 필요가 없습니다. 학교에서 배운 내용을 복습하는 동시에 아이가 좋아하는 주제로 한글 공부를 보충해주면 좋습니다.

⑤ 한글에 관심 보일 때 민감하게 반응하기

집에서 한글에 관심을 가질 수 있는 환경을 만들어주고, 유치원이나 학교에서 한글을 배우거나 주변 친구들이 한글을 사용하는 모습을 보다 보면 한글에 대한 관심이 높아질 수 있습니다. 이때 한글을 익히게 도와주면 금방 한글을 배울 수 있습니다. 이 순간을 놓치지 않으려면 부모님이 아이를 잘 관찰해야 합니다.

아이가 이미 학교에 입학해서 한글을 배우고 있다면 스스로 한글에 관심을 보일 가능성이 매우 높습니다. 한글을 제대로 익히지 못하면 학교생활이 쉽지 않기 때문에 한글을 배우려는 마음가짐이 자연스레 생길 수 있습니다. 하지만 아이가 학교에서 한글에 대해 배우고 있는데도 관심을 보이지 않는다면, 아이가 관심을 가질 수 있게 부모님이 도와야 합니다. 학교에서 공부한 내용 복습, 엄마표(아빠표) 한글 공부, 한글 프로그램 등 한글 공부법은 여러 가지가 있으니 상황을 고려해 아이의 공부에 가장 좋은 방법을 선택하면 됩니다.

⑥ 한글 공부 피드백하기

아이가 한글에 관심을 가지게 유도하는 단계에서는 한글을 틀려도 지적하지 않아도 되지만, 한글 공부를 시작한 후에는 적절한 선에서 피드백을 할 필요가 있습니다. 아이 성향에 따라 다를 수는 있으나 유아기에는 지거나 틀리는 걸 굉장히 싫어하는 경우가 많습니다. 그래서 '피드백을 어느 정도 수준에서 해야 하는가?', '틀린 걸 어느 정도까지 고쳐줘야 하는가?' 하는 부분에 대한 고민을 하게 되죠.

제가 했던 고민 중 한 가지를 들자면, 아이가 한글을 쓸 때 자음, 모음 획순을 지키지 않고 자기가 쓰고 싶은 대로 쓸 때가 많다는 것이었습니다. 획순을 교정하지 않으면 습관이 될 것 같아 신경이 쓰였죠. 그렇다고 과하게 교정하면 아이가 한글 공부에 대한 흥미를 잃을 수도 있을 것 같아서 한글 쓰기를 시작한 초기에는 교정을 거의 하지 않고, 좀 익숙해졌을 때 비로소 조금씩 교정해주기 시작했습니다. 그리고 "한글을 쓰는 데에 순서가 있단다.", "한글을 쓰는 순서에 따라 쓰면 예쁘게 잘 쓸 수 있어."라는 이야기를 자주 했습니다. 지금 당장 고쳐지지 않더라도 아이가 일단 이런 인식을 갖고 있으면 학교에서 한글 쓰기를 배울 때 집에서도 함께 도와줌으로써 틀린 부분을 고칠 수 있는 기회가 올 것이기 때문입니다. 다행히도 제 아이는 학교와 집에서 하는 한글 공부, 국어 공부를 통해 획순을 잘 익혀서 정해진 순서대로 글씨를 쓰고 있습니다.

그렇다면 아이에게 피드백을 어느 정도로 해야 하고, 틀린 걸 어느 정도까지 고쳐줘야 할까요? 아이가 공부에 대한 흥미를 잃지 않을 적절한 선에서 하면 됩니다. 여기서 적절한 선은 아이마다 차이가 있으므로 부모님이 아이를 잘 관찰하고 이야기를 나누면서 조율해주는 것이 좋습니다. 한글 획순이나 연필 잡기의 경우, 학교에 입학하면 배우는 부분이므로 정 안 되면 1학년 1학기 초반을 노리는 것도 방법입니다.

아이가 학교에서 한글을 배우고 있다면 피드백을 좀 더 적극적으로 해도 좋습니다. 학교 진도와 병행하여 집에서 지도하면서 시너지 효과를 낼 수 있기 때문입니다. 피드백을 적극적으로 하자는 건 강압적으로 하라는 말이 아닙니다. 틀린 걸 알려주고 고칠 수 있게 하되, 한꺼번에 많은 양을 지적하거나, 무서운 분위기를 조성하면서 피드백을 하는 건 아이의 학습을 돕는 데 도움이 되지 않습니다. 아이의 한글 공부에 대한 생각과 마음이 어떤지 살펴가며 적절한 수준과 방법으로 피드백을 해야 합니다.

무엇보다도 아이는 부모님이 한글을 사용하는 모습을 보면서 많이 배웁니다. 지금 당장 아이가 틀리게 읽고 쓰는 걸 적절하게 피드백을 하는 것도 중요하지만, 부모님이 한글을 바르게 읽고 쓰는 모습을 아이에게 꾸준히 보여줘야 합니다.

╲╲ 아이가 한글 공부를 하고 싶게 하는 전략 ╱╱

- **아이의 주의 끌기**

한글 영상, 재미있는 교재나 교구를 이용해서 아이가 한글에 주의를 기울일 수 있게 합니다.

- **한글과 자신이 관련 있음을 느끼게 하기**

아이가 한글을 조금씩 읽고 쓸 수 있게 되면, 한글을 활용해 다양한 활동을 할 수 있다고 알려줍니다.

예) "한글을 읽을 수 있으니깐, 물건 이름을 보고 고를 수 있게 되었구나!"

- **한글에 대한 자신감을 가질 수 있게 하기**

아이 수준보다 어렵게 한글 학습을 시작하지 않습니다. 현재 우리 아이가 한글에 대해 어느 정도 익히고 있는지 파악해 그에 맞는 학습을 제시하고, 아이가 어려워할 경우에는 부모님이 도와줍니다.

- **한글 공부에 만족감 느끼게 하기**

아이가 한글 공부를 하거나 한글에 대한 관심을 보일 때, 칭찬과 격려를 합니다.

2. 책 읽기

책 읽기는 그저 '책을 읽고 이해하는 능력'을 기르는 데만 도움이 되는 것이 아닙니다. 소리 내어 책을 읽으면서 '말하기' 공부를 할 수 있고, 다른 사람이 책을 읽어주는 걸 들으면서 '듣기' 공부도 할 수 있습니다. 책을 읽고 자기 생각이나 느낌을 간단히 글로 써보면서 '쓰기' 공부를 할 수 있고, 책에 나온 내용을 통해 다양한 배경지식을 쌓을 수도 있습니다.

책을 통해 익힌 국어 능력은 앞으로 아이가 학습을 해나가는 데 단단한 기반이 돼줄 것입니다. 그리고 아이가 책을 통해 쌓은 배경지식은 아이가 새로운 학습 내용을 접할 때, 좀 더 쉽게 그 내용을 이해할 수 있게 도와줄 것입니다. 책 읽기가 우리 아이의 학습 성장에서 많은 비중을 차지하고 있다는 걸 잊지 마세요.

지도 팁 책 읽기는 다양한 방법으로 할 수 있습니다. '즐거움을 위한 책 읽기'와 동시에 '학습을 위한 책 읽기'를 함께하는 것이 좋습니다. '즐거움을 위한 책 읽기'에만 집중할 경우, 더 높은 수준의 책 읽기와 학습 성장으로 나아가기 어렵습니다. 그렇다고 '학습을 위한 책 읽기'에만 집중할 경우, 책에 대한 흥미를 잃기 쉽습니다. 이 둘의 균형을 잘 잡는 것이 중요합니다.

기초 학습 능력(듣기, 말하기, 읽기, 쓰기)을 기르기 위한 책 읽기 지도

① 듣기, 말하기, 읽기 능력 기르기

• 책 전체 읽어주기

부모님이 책을 소리 내어 읽어주면 아이가 그만큼 많은 낱말, 문장을 듣게 되므로 듣기 능력을 키우는 데 도움이 됩니다. 책을 읽어줄 땐 또박또박 소리 내어 읽어줘야 합니다. 아이가 그 소리를 듣고 배우기 때문이죠. 아이가 정확한 발음으로 말하기를 원한다면 부모님이 먼저 정확한 발음으로 책을 읽어줘야 하며, 평소에 아이에게 말할 때도 정확한 발음으로 말해야 합니다. 정확한 발음으로 나는 소리를 많이 들을수록 아이 역시 정확한 발음으로 말할 수 있는 능력을 갖출 수 있습니다.

• 따라 읽기

부모님이 낱말 혹은 문장을 소리 내어 읽으면 그걸 아이가 따라 읽는 방법입니다. 아이가 듣고 따라 읽어야 하므로 또박또박 바르게 읽어 주세요.

• 번갈아가며 읽기

부모님과 아이가 한 문장씩 번갈아가면서 책을 읽습니다. 아이가 소리 내어 책을 읽을 때, 발음이 정확한지, 자연스럽게 글자를 읽을 수 있는지, 읽기 어려워하는 글자는 무엇인지 등을 확인할 수 있습니다.

• 아이 스스로 소리 내어 읽기

책 전체를 아이 스스로 소리 내어 읽습니다. '번갈아가며 읽기'와 마찬가지로 아이의 발음이나 띄어 읽기가 어떤지 확인할 수 있습니다. 주의할 점은 아이의 발음이나 띄어 읽기가 이상하더라도 혼내면 안 된다는 것입니다. 아이가 소리 내어 읽는 걸 싫어하게 하면 안 되기 때문이죠. 이야기책은 실감 나게 읽게 아이를 도와주면 좋습니다.

• 소리 내지 않고 스스로 읽기

아이가 책을 스스로 읽을 수 있는 수준이 되었을 때, 아이에게 "마음속으로 읽어보자!"라고 제안합니다. 아이가 소리 내지 않고 스스로 읽을 책은 글밥이 많고 어려운 책이 아닌 쉽고 재미있는 책으로 시작해야 합니다. 아이가 지금보다 어렸을 때 재미있게 보던 책도 좋습니다. 저는 이 단계를 위해 아이가 어렸을 때 재미있게 보던 글밥 적은 책을 남겨두고 활용했습니다.

② 쓰기 능력 향상 돕기

책을 많이 읽는 만큼 아이에게 많은 글자가 노출됩니다. 자음과 모음으로 이뤄진 글자, 받침이 있는 글자 등을 자연스럽게 익힐 수 있습니다. 글자가 어떻게 생겼는지 자연스럽게 눈으로 보며 익히는 과정을 통해 쓰기 능력을 기를 수 있습니다. 글자를 어떤 모양으로 써야 하는지 알 수 있기 때문입니다.

또, 책을 많이 읽으면 좋은 문장을 많이 만날 수 있습니다. 좋은 문장을 많이 만난 아이는 좋은 문장으로 글 쓰는 것이 수월해집니다. 초등 1학년 1학기 국어 마지막 단원에서 그림일기를 쓰는 것으로 쓰기 활동이 본격적으로 시작됩니다. 이때 좋은 문장으로 글을 쓰려면 아이가 책을 읽으며 좋은 문장을 많이 접해야 합니다.

• 책 제목에서 자음과 모음 찾고 따라 쓰기

책 제목을 보고 어떤 자음과 모음으로 이뤄졌는지 알아봅니다. 그리고 자음과 모음을 따라 씁니다. 책 제목에서 자음과 모음을 찾을 수도 있고, 책에 나온 낱말 중 기억에 남는 낱말을 골라 자음과 모음을 찾아 따라 쓸 수도 있습니다.

• 책에 나오는 낱말이나 문장 따라 쓰기

맞춤법에 맞게 쓰인 낱말, 좋은 문장을 따라 씁니다. 이를 통해 정확한 맞춤법, 문장의 구조, 띄어쓰기, 문장부호 등을 익힐 수 있습니다. 단, 너무 과하게 따라 쓰기를 하면 아이가 책과 멀어질 수 있으니 주의해야 합니다. 책을 읽은 후 아이가 기억에 남은 낱말이나 인상적인 문장을 따라 쓰는 정도로 하면 좋습니다.

• 책 읽고 생각이나 느낌 쓰기

책을 읽은 후 생각이나 느낌을 쓰는 건 문장 쓰기가 어느 정도 익숙해지면 할 수 있습니다. 초등 1학년 국어 교육과정에 따르면 아이는 자기 생각이나 느낌을 쓰는 수준까지 익혀야 합니다. 아이가 문장 쓰기를 어느 정도 할 수 있다면 책을 읽은 후에 생각이나 느낌을 쓰는 연습을 해봅니다.

• 독서 일기 쓰기

초등 1학년 국어 내용에는 '겪은 일 쓰기'가 나옵니다. 이때 '책을 읽은 경험'을 쓸 수도 있습니다. 어떤 책을 읽었는지, 기억에 남는 내용은 무엇인지, 책을 읽고 어떤 생각이나 느낌이 들었는지 씁니다. 독서 일기를 쓰는 것입니다. 이는 나중에 독서 감상문 쓰기에 대해 배울 때 도움이 됩니다.

학습 기반을 갖추기 위한 책 읽기 지도

책 읽기는 학습 기반을 갖추는 데도 도움이 됩니다. 책 읽기를 통해 아이는 읽기나 쓰기와 같은 기초 학습 능력에서 더 나아가 독해력, 배경

지식, 자료 활용 능력 등 앞으로 해야 할 학습에 필요한 기반을 갖출 수 있습니다.

이런 이유로 아이가 책을 많이 읽으면 좋겠다고 생각하는 부모님이 많을 것입니다. 하지만 '학습을 위한 책 읽기'가 너무 과해지면 아이가 책에 대해 부정적으로 인식할 수 있으니 '즐거움을 위한 책 읽기'와 함께 잘 병행해야 합니다.

① 독해력, 배경지식, 사고력, 표현력 기르기

책을 읽고 나서 어떤 내용인지 부모님과 이야기 나누기, 책을 읽고 알게 된 점 정리하기, 책을 읽고 인물이나 장면 등을 그림이나 입체 작품으로 표현하기 같은 독후 활동을 통해 독해력, 배경지식, 사고력, 표현력 등을 길러줄 수 있습니다.

② 자료 활용 능력 갖추기

궁금한 점, 조사하고 싶은 주제에 대해 알아볼 때 책을 활용함으로써 자료 활용 능력을 길러줄 수 있습니다. 아이가 호기심을 갖고 어떤 주제에 대해 물어볼 때 함께 책을 찾아보는 경험을 제공하면 좋습니다.

건전한 취미 생활, 즐거움과 재미를 위한 책 읽기 지도

학습을 위한 책 읽기도 중요하지만 책 자체가 목적이 될 필요도 있습니다. 우리 아이가 책 읽기를 취미로 갖고 책 읽기에서 즐거움과 재미를 느낄 수 있게 된다면, 아이의 삶이 더 풍성해지기 때문이죠. 학업 스트레스, 일 스트레스를 책 읽기로 건전하게 풀 수 있는 아이라니 생각만 해도 뿌듯합니다.

하지만 아이가 재미있게 책 읽는 시간이 많은 것이 무조건 좋은 건 아닙니다. 간혹 아이가 하루 종일 공부도 하지 않고 책만 본다는 이야기를 하는 부모님을 만납니다. 아이가 책을 읽느라 중요한 일을 뒷전으로 한다면 부모님이 조율해줘야 합니다. 책 읽기를 좋아하는 건 칭찬해주되, 일에는 우선순위가 있다는 걸 알려줘야 합니다.

3. 아이 수준에 맞는 쓰기 학습

글로 표현하는 능력은 앞으로 학습을 수월하게 하기 위해 꼭 필요합니다. 학년이 올라갈수록 아이가 자기 생각을 글로 써야 하는 상황에 많이 놓입니다. 예를 들어, 사회 교과에서는 사회문제 상황에 대한 자기 생각을 쓰라고 하고, 과학 교과에서는 아이가 배운 과학 개념과 원리를 실생활에 어떻게 적용할 수 있을지 쓰라고 하죠. 자기 생각을 글로 표현하는 능력은 국어 교과뿐만 아니라 다른 교과에서도 필요한 능력입니다.

최근에는 단순히 외운 걸 쓰는 평가가 아니라 주어진 상황에 대한 자기 의견을 제시해야 하는 평가가 많이 이뤄지고 있습니다. 자기 생각을 글로 표현하는 데 어려움이 있으면 아무리 관련 지식을 많이 외우고 있어도 글을 잘 쓰기 어렵습니다.

사회에 나아가면 자신이 수행한 업무나 연구를 글로 써서 보고해야 하는 상황을 많이 접하게 됩니다. 이때 자신의 생각을 글로 표현하는 능력은 큰 도움이 됩니다.

이처럼 자기 생각을 글로 표현하는 능력은 아이의 학업부터 사회에 나아갔을 때까지 영향을 줍니다. 따라서 어렸을 때부터 아이가 글쓰기에 질리지 않게 주의하며 자기 생각을 글로 표현하는 능력을 차근차근 갖추게 도와줘야 합니다.

지도 팁 초등 1학년 아이들 중에 쓰기를 좋아하는 아이는 별로 없습니다. 어른인 우리도 글쓰기가 어려운데 아이들은 어떨까요? 그럼에도 '쓰기'는 중요합니다. 쓰기 공부를 시작하는 초등 1학년부터 차근차근 아이 수준에 맞는 글쓰기를 지도해주세요. 아이에게 '쓰기'가 너무 싫다는 마음이 생기지 않게 하면서도 '쓰기 능력'을 길러줄 수 있는 방향으로 지도해야 합니다.

쓰기는 크게 내용과 형식으로 나누어볼 수 있습니다. 내용은 '글의 주제, 글을 쓰는 목적을 고려해 자기 생각을 글로 잘 썼는지'에 해당하며, 형식에는 '맞춤법, 띄어쓰기, 문단 나누기'가 포함됩니다. 초등 1학년 시기는 '쓰기'에 친숙해지는 것이 가장 큰 과제이므로 '형식'보다는 '내용'에 초점을 맞추어 학습을 돕습니다.

초등 1학년 아이의 쓰기 학습에서 중심에 둘 건 '쓰기는 중요하다.', '쓰기와 친해지게 한다.' 이 두 가지입니다.

따라 쓰기

따라 쓰기는 별로 어렵지 않은 공부라고 생각하기 쉽습니다. 따라 쓰기 혹은 바른 글씨 쓰기 교재만 봐도 주어진 낱말, 문장, 점선 글자, 흐린 글자를 따라 쓰기만 하면 되니 쉬워 보일 수밖에 없죠. 수학 교재, 독해 교재보다 지도할 것도 딱히 없어 보입니다.

하지만 아이 입장에서는 글씨를 따라 쓰는 것이 쉬운 활동이 아닙니다. 아이든 어른이든 글씨를 잘 쓰려면 어느 하나만 잘한다고 되는 것이 아닙니다. 아이가 따라 쓰기나 바른 글씨 쓰기 연습을 하다가 하기 싫다고 말하는 경우를 많이 봅니다. 손과 팔에 힘을 주고 글씨를 잘 쓰려고 하는 것도 힘든데, 기계적으로 주어진 낱말과 문장을 따라 써야 하니 더 힘들 수밖에 없습니다.

하지만 따라 쓰기가 가진 장점도 분명히 있습니다. 따라 쓰기를 하면서 아이는 손과 팔에 힘을 기를 수 있습니다. 모양과 획순을 생각하며 글씨를 쓰는 경험을 반복적으로 하면서 더욱 바른 글씨를 쓸 수 있게 됩니다. 글씨 쓰기 자체를 더욱 잘하게 되는 것입니다. 게다가 맞춤법에 맞는 낱말과 알맞은 구조로 이뤄진 문장을 보고 따라 쓰면서 맞춤법, 문장 구조 등 국어 문법에 대한 이해력도 높일 수 있습니다.

그러므로 따라 쓰기를 꾸준히 하게 하되, 아이에게 너무 많은 양의 따라 쓰기(바른 글씨 쓰기)를 요구하지 마세요. 아이의 학습 컨디션, 심리 상태 등에 따라 과제의 양을 융통성 있게 조정해주는 것도 좋습니다.

＼ 바른 글씨 쓰기 지도 ／

글씨 쓰기를 할 때 고려해야 할 것은 크게 '신체, 지식, 태도'입니다.

1. 신체

· 팔 힘, 손힘을 기르고 조절하기

아이가 글씨 쓰기 연습을 할 때, "팔 아파요!", "손 아파요!"라고 말하는 경우가 종종 있을 것입니다. 글씨를 잘 쓰려면 기본적으로 힘이 있어야 합니다. 어른들도 바르게 글씨를 쓰려고 하면 적당히 팔과 손에 힘이 들어가야 하거든요. 팔 힘과 손힘 모두 길러야 하는 거죠. 지금 옆에 종이가 있다면 '내가 쓸 수 있는 글씨 중에 가장 예쁜 글씨'를 써보세요. 팔과 손에 힘이 들어가는 게 느껴질 거예요. 아이들 역시 그렇습니다. 따라서 부모님은 아이가 팔 힘을 기를 수 있게 도와줘야 합니다.

아이의 팔 힘을 길러주기 위해 '신체 놀이'를 활용하면 좋습니다. 돌 이후 위생과 청결에 대한 부담이 줄었을 때부터 열심히 놀이터에 다니면 신체의 힘을 기르고, 이를 사용하는 방법을 익힐 수 있죠. 놀이터에 가면 팔 힘을 이용해서 올라가야 하는 놀이

기구가 하나씩은 있습니다. 그런 놀이 기구를 활용해 팔 힘을 기를 수 있습니다.

아이의 손힘을 기르기 위해 '손을 이용해야 하는 여러 가지 조작 활동'을 하면 도움이 됩니다. 팔 힘을 기르려면 팔을 많이 써야 하듯이 손힘을 기르려면 손을 많이 써야 합니다. 점토 놀이, 블록 조립, 점선 따라 그리기 등 손힘이 필요한 활동을 하면 좋습니다.

팔과 손에 힘이 있더라도 이 힘을 적절히 조절하지 못하면 글씨를 바르게 쓰기 어렵습니다. 힘이 너무 적어도 안 되고 너무 세도 안 되죠. 힘이 너무 적게 들어가면 글씨를 반듯반듯하게 쓰기 어렵고, 힘이 너무 많이 들어가면 낱말, 한 문장, 짧은 글을 쓸 때는 반듯반듯하게 잘 쓸 수 있으나, 긴 글을 쓸 때는 점점 힘이 빠지면서 바르게 쓰기 어렵습니다. 아이가 글의 처음부터 끝까지 바른 글씨로 쓸 수 있게 도와줘야겠죠. 이를 위해선 아이 스스로가 어느 정도로 힘을 줘서 글씨를 써야 하는지 알아야 합니다. 힘을 얼마나 주고 글씨를 써야 하는지 알려면 실제로 계속 써봐야 합니다. 부모님은 옆에서 아이가 글씨 쓰는 걸 지켜보면서 힘을 너무 많이 주면 힘을 풀고 편하게 써보자고 하고, 힘을 너무 적게 주면 힘을 좀 더 주고 써보라고 알려주세요. 아이가 힘 조절을 해야 할 때, 부모님이 직접 시범을 보여주면 도움이 됩니다. 힘을 많이 주고 글씨 쓰는 모습, 혹은 힘을 적게 주고 글씨 쓰는 모습을 아이에게 보여주면서 이야기를 나눠보세요.

• 눈과 손의 협응 능력 기르기

글씨를 바르게 쓰려면 눈과 손이 잘 협응해야 합니다. 눈과 손이 동시에 협력해서 잘 작동해야 한다는 것입니다. 눈으로 자신이 쓴 글씨를 보며 다음 글씨는 어느 위치에 와야 하는지 판단하는 동시에 손으로는 글씨를 써야 하죠. 눈으로 글씨를 보면서 손도 같이 움직여야 합니다.

눈과 손의 협응 능력을 기르는 데 도움이 되는 활동은 손힘을 기르는 데도 도움이 됩니다. 점토, 블록 조립, 쌓기 놀이 같은 활동이죠. 이런 활동을 통해 '손힘 기르기'와 '눈과 손의 협응 능력 기르기'가 함께 이뤄질 수 있습니다.

2. 지식

• 바른 글씨 모양 알기

힘이 생긴다고 글씨를 잘 쓸 수 있는 건 아닙니다. 바른 글씨가 어떤 글씨인지 그 모양을 알아야 합니다. 바른 글씨 모양을 익히는 데 도움이 되는 방법은 '본보기'와 '연습'입니다. '연습'은 말 그대로 바른 글씨를 보고 따라 쓰면서 연습하는 것입니다. 연습량을 늘리고 싶으면 힘을 기르면 됩니다.

여기서 좀 더 자세히 이야기할 건 '본보기'입니다. 부모님은 대충 글씨를 쓰면서 아이에게만 제대로 글씨를 쓰라고 하면 안 되겠죠. 아이 입장에서는 이해하기 어려운 상황입니다.

"부모가 왜 꼭 글씨를 바르게 써야 하나요? 글씨 쓰기 책으로 가르치면 되지 않나요?" 어떤 부모님은 이렇게 말할 수도 있습니다. 근데 그건 이미 써져 있는 글씨입니다. 이런 글씨도 효과가 있긴 합니다. 하지만 더 좋은 건 아이 가까이에 있는 사람이 직접 쓴 글씨입니다. 컴퓨터 글씨가 아닌 부모님이 직접 쓴 글씨 말이죠. 저는 아이가 없는 상황에서는 손과 팔에 힘을 빼고 글씨를 흘려 쓰곤 합니다. 하지만 아이가 있을 때, 아이에게 보여줄 글씨는 바르게 씁니다. 아이가 보고 배우기 때문입니다.

• 바른 글씨 쓰는 방법 알기

바른 글씨가 어떤 모양인지 알았으면, 이제는 어떻게 써야 하는지 알아야 합니다. 획순을 익히고 연필을 바르게 잡는 방법을 알아야 하죠. 연필을 바르게 잡고 획순에 따라 글씨를 써야 바른 글씨로 오랫동안 쓸 수 있습니다. 이를 알려줄 수 있는 방법 역시 '본보기'와 '연습'입니다.

부모님도 획순을 안 지키고 연필도 대충 잡고 쓰는데, 아이한테만 제대로 쓰라고 하면 아이는 수긍하기 어렵겠지요. 아이는 부모를 보고 배운다는 걸 늘 기억해야 합니다.

교재나 글씨 쓰기 영상을 보면서 획순과 연필 잡는 방법을 익혔다면 아이가 실제로 글씨를 쓸 때 이를 적용하는 연습을 하게 해주세요. 하지만 처음부터 잘 적용되지는 않습니다. 아이에게 지속적으로 이야기해주며, 꾸준히 연습할 기회를 마련해주세요.

꼭 연필이 아니더라도 색연필, 물감 등 아이가 흥미를 가질 만한 도구로 획순에 따라 다른 색으로 써볼 수도 있습니다.

3. 태도

• '쓰기'에 대한 긍정적 정서 제공하기

아이가 쓰기 활동을 놀이처럼 느끼게 해보세요. 저는 아이가 쓰기에 관심 보일 때 보드마카, 크레파스, 색연필, 물감 등 여러 가지 도구들로 글자 쓰기를 하기도 했고, 아이가 좋아하는 주제로 낱말 카드 만들기 놀이를 하며 쓰기 활동을 했습니다.

학급에서 아이들을 지켜보면, 알아서 척척 글씨를 잘 쓰는 아이들이 있습니다. 제가 앞서 이야기했던 신체나 지식적인 부분을 잘 갖추었거나, 예쁘게 쓴 글씨를 보며 만족감을 얻는 경험을 해본 아이들입니다. 하지만 모든 아이들이 그렇지는 않습니다. 바르게 글씨를 쓰려면 손과 팔에 힘이 들어가고 시간도 오래 걸리니, 바른 글씨를 포기하는 경우가 많죠. 아이가 포기하지 않도록 글씨를 바르게 쓰고, 만족감을 느끼는 경험을 하게끔 도와주세요.

적은 양이라도 최대한 바르게 글씨를 쓰게 해주세요. 저는 많은 양을 대충 쓰는 건 추천하지 않습니다. 손과 팔에 힘이 길러지지 않고, 습관이 되기 때문입니다. 글씨를 바르게 써서 칭찬 받은 경험이 있는 아이, 무엇보다도 자신이 쓴 글씨에 스스로 만족한 경험이 있는 아이는 다음에도 글씨를 잘 쓰려고 할 것입니다.

• 왜 글씨를 잘 써야 할까? 생각 나누기

글씨를 잘 쓰는 것이 본인에게 어떤 도움이 되는지 생각하는 시간을 가질 필요도 있습니다. "글씨를 잘 쓰면 이런 점이 좋아!"라고 부모님이 일방적으로 이야기하는 것보다 글씨를 잘 쓰면 어떤 점이 좋을지 아이의 생각을 먼저 이끌어내는 것이 효과적입니다.

아이가 잘 모르겠다고 하면 그때는 아이의 눈높이에서 부모님이 글씨를 잘 썼을 때 좋았던 점, 혹은 글씨를 대충 써서 안 좋았던 점을 구체적인 사례를 들어 이야기해주세요. "글씨를 엉망으로 쓰면 다른 사람들이 무슨 말인지 못 알아본다!"라는 말보다 "엄마(아빠)가 초등학교 1학년 때 시험을 봤는데 글씨를 대충 썼더니 선생님이 그 글씨를 잘못 읽어서 100점 맞을 걸 못 맞은 적이 있어!"라는 말이 아이에게 좀 더 효과적일 것입니다.

• 길게 보고 가기

사실 이렇게 해도 글씨를 잘 쓰겠다는 태도를 갖춘다는 건 쉽지 않습니다. 길게 보고 가야 합니다. 어쩌면 아이는 한동안 글씨를 대충 쓰다가 나중에 진로를 정하고, 원하는 일을 하기 위해 글씨를 잘 써야겠다고 마음먹을 수도 있습니다. 문제는 아이가 자기 꿈을 이루기 위해 이런 마음을 가졌는데, 신체나 지식적인 부분이 갖춰지지 못했다면 처음부터 다시 쌓아가야 한다는 것입니다. 이런 상황이 되면 아이는 포기할 수도 있겠죠.

아이가 훗날에 '글씨를 잘 써야겠다'는 마음을 가졌을 때 신체와 지식적인 부분이 뒷받침되면 어렵지 않게 바른 글씨를 쓸 수 있을 것입니다. 길게 보고 가야 한다는 말을 부모님이 'OO이가 나중에 커서 필요하면 알아서 바르게 잘 쓰겠지!'라고 받아들이면 안 됩니다. 지금 우리 아이 수준에서 갖춰야 할 것을 갖출 수 있도록 도와주세요.

일기 쓰기

일기는 하루 생활에 대한 생각이나 느낌을 적은 글입니다. 일기 쓰기의 첫 시작은 그림일기 쓰기로, 초등 1학년 1학기 국어 마지막 단원에 나오며, 그림일기에 들어가야 할 내용에 무엇이 있는지 배운 후 쓰는 방법을 익힙니다. 이렇게 초등 1학년 1학기 후반부에 배운 그림일기는 줄글일기로 이어집니다.

일기를 쓸 땐 먼저 그날 한 일 중 가장 기억에 남는 일을 고르고 나서 그 일에 대해 자세히 쓴 후에 대한 자기 생각이나 느낌을 씁니다. 처음에 아이들이 일기를 쓸 때 실수하기 쉬운 부분은 그날 한 일을 하나하나 모두 나열하는 것입니다. 하지만 일기는 그날 한 일을 모두 다 쓰는 것이 아니라 그날 있었던 일 중 하나를 선택해서 그 일에 대해 자세히 쓰는 것입니다. 그림일기를 쓸 때부터 이런 점을 제대로 익히면 좋습니다. 가장 기억에 남는 일을 그림으로 그린 후, 글로 쓰면 됩니다. 이렇게 하면 그날 한 일을 모두 다 쓰지 않겠죠. 단, 그림일기는 그림 그리기가 목적이 아니므로 그림을 그리는 데 너무 많은 에너지를 쓰지 않게 해주세요. 아이가 좋은 글을 쓰는 데 더 신경을 써야 합니다.

일기 쓰기는 아이가 자신에 대해 기록하면서 자기 생활을 돌아보고 성찰하게 해줌과 동시에 글쓰기의 기초도 다지게 해줍니다. 따라서 부모님은 아이가 일기 쓰기를 통해 학습 성장을 해나갈 수 있게 도와주세요.

받아쓰기

받아쓰기는 다른 사람이 하는 말을 잘 듣고 적는 활동입니다. 받아쓰기를 할 때 하기 쉬운 실수는 이것을 그저 시험의 한 형태로 여기고 무조건 '100점'을 맞는 데 몰두하는 것입니다. 이렇게 하면 받아쓰기의 학습 효과를 제대로 누리기 어렵습니다.

아이가 받아쓰기를 잘 보면 좋고, 이로 인한 학습 성장이 있는 것도 맞습니다. 하지만 아이가 100점을 맞지 못하면 아이의 학습 성장에 도움이 되지 않는 것일까요? 그렇지 않습니다. 받아쓰기를 준비하고 공부하는 과정부터 아이의 학습 성장에 도움이 됩니다.

받아쓰기를 하면서 아이는 맞춤법, 문장 구조, 그리고 한글 글자의 표기와 발음이 다를 수 있음을 익힐 수 있습니다. 경청하는 능력과 기억력을 기르는 데도 도움이 됩니다. 점수에만 집착하며 받아쓰기를 할 경우, 이런 것들을 놓칠 수 있습니다. 또, 100점을 맞지 못한 경우에는 아이가 좌절감을 느껴서 받아쓰기 학습을 더욱 어려워할 수 있습니다. 따라서 받아쓰기 점수에 연연하기보다 그 안에 담긴 의미, 즉 받아쓰기가 아이에게 어떤 학습 의미를 가지는지를 알고 지도해야 합니다.

실제 국어 능력에 비해 받아쓰기 점수가 좋은 아이들이 있습니다. 이런 현상은 암기력 때문에 나타나기도 합니다. 따라서 받아쓰기가 아이의 국어 능력과 같다고 생각하면 안 됩니다. 받아쓰기를 꾸준히 잘 보는 것이 아이의 국어 능력 신장에 도움이 되고, 외워서 쓰는 것이 학습 효과가 있는 것도 맞습니다. 하지만 그 안에서 아이가 국어의 원리를 익히지 못하면 받아쓰기의 교육적 효과는 줄어든다는 점을 기억해야 합니다. 예를 들어, 받아쓰기에서 '이겼다, 먹었다, 공부했다' 같은 낱말을 따로따로 계속 외울 수도 있지만, 과거에 있었던 일을 서술할 때는 'ㅆ' 받침이 들어간다는 원리를 익힐 수도 있습니다. 이런 원리를 이해하면 과거형 서술어가 나왔을 때 계속 외우지 않아도 정확한 맞춤법으로 쓸 수 있습니다.

초등 저학년 시기, 국어 교과 공부를 잘 따라 가는지도 중요하지만, 학습의 중심에 책 읽기가 있어야 한다는 걸 잊지 마세요. 책 읽기는 국어의 모든 영역(듣기, 말하기, 읽기, 쓰기, 문법, 문학) 학습뿐만 아니라 수학, 사회, 과학 등 타 교과 학습에도 도움을 주기 때문입니다. 초등 1학년 학습 성장을 돕는 가장 주된 활동은 '책 읽기'가 되어야 합니다. '쓰기'는 아이들이 많이 힘들어하는 학습이지만 2학년에 올라가면 쓰기 학습을 해야 할 상황이 많아집니다. 따라서 아이의 쓰기 수준을 고려해 꾸준히 쓰기 학습을 진행해야 합니다.

국어 학습 상담

상담 1 초등 1학년인 우리 아이가 아직 한글을 떼지 못했어요. 학교에 들어가면 국어 시간에 한글을 많이 배운다고 하는데 괜찮을까요?

초등학교 입학 시점에서 한글을 떼지 못했다면, 학교 학습과 가정 학습을 잘 병행해야 합니다. 늦어도 초등 1학년 여름방학까지 한글을 익히는 걸 목표로 말이죠. 아이들은 대체로 학교에서 하는 공부를 잘하고 싶어 합니다. 가정에서 수업 시간에 배운 내용을 복습하고 미리 교과서를 살펴보며 예습하는 등 학교 진도에 맞춰서 아이가 잘 배워나갈 수 있게 도와주세요. 필요할 경우, 아이가 학교 수업 시간에 배운 낱말과 문장을 잘 읽는지, 집에서 더 도와주고 싶은데 어떻게 하면 좋을지 담임선생님에게 문의하며 협조를 구할 수도 있습니다.

한글을 아직 익히지 못한 아이와 할 수 있는 활동

- 낱말 카드 보여주고 읽기
- 집 안에 있는 물건에 한글 낱말 카드 붙여 놓기
- 아이가 좋아하는 만화 제목, 캐릭터 이름 읽고 쓰기
- 꾸미기 도구를 이용해 한글 자음과 모음 만들기
- 몸으로 한글 자음과 모음 만들기
- 메모리 게임: 같은 자음이나 모음, 낱말 찾고 읽기

🔍 요약
- 늦어도 초등 1학년 여름방학까지 한글 떼는 걸 목표로 해요.
- 학교에서 하는 한글 공부와 병행해요.
- (필요할 경우) 담임선생님과 상담해요.

상담 2 **책이 아이의 학습 성장에 긍정적인 영향을 준다고 알고는 있습니다. 하지만 정작 아이가 책을 좋아하지 않아서 걱정입니다. 어떻게 해야 할까요?**

아이가 책을 재미없다고 느낀다면, 왜 재미없다고 느끼는지 알아볼 필요가 있습니다.

:: 책이 재미없다고 느끼는 원인 ::

원인 1 | 책은 재미없어요!

스마트폰, TV 등 너무 높은 수준의 '재미 자극'에 노출되었을 수 있습니다. 가능하면 이것이 원인이 아니면 좋겠습니다. 과한 재미 자극에 노출된 아이는 책 읽기와 같은 잔잔한 활동에 재미를 느끼는 것이 어렵기 때문입니다.

아이가 높은 수준의 '재미 자극'에 익숙해서 책을 좋아하지 않는다면, 스마트폰, TV 등 미디어 사용에 대한 규칙을 정하고, 책 읽기를 왜 해야 하는지 이야기하며, 가족이 함께 모여 책을 읽는 시간을 가져보세요. 아이가 관심 있어 하는 주제의 책을 읽어줄 수도 있습니다. 만약 이렇게 했음에도 아이가 책에 관심을 갖지 않으면 부모님이 직접 책을 재미있게 읽는 모습을 보여주세요. 아이가 책에 조금이라도 관심을 보이면, 그때 재미있게 책을 읽어줍니다. 아이가 스마트폰, TV등 미디어 때문에 책 읽기를 비롯한 많은 활동에 지장이 있다면, 전문가의 도움을 받는 것도 좋습니다.

원인 2 | 책 읽기가 어려워요!

책이 어려워서 책 읽기가 재미없다고 느낀다면 아이 수준에 맞게 책을 바꿔주어야 합니다. 글밥이 적거나 내용이 쉬운 책을 추천해주세요. 아이가 흥미를 가지는 것이 무엇인지 확인하고, 이에 관련된 책을 제공하는 방법도 있습니다. 예를 들어, 축구를 좋아하는 아이라면 운동에 관한 책을, 요리를 좋아하는 아이라면 음식에 관한 책을 읽게 하는 것입니다. 아이 스스로 책을 골라 읽는 경험을 하는 것도 좋습니다.

원인 3 | 책을 왜 읽어야 하는지 모르겠어요!

아이에게 책이 유용하다는 걸 느낄 수 있는 기회를 제공해야 합니다. 책은 재미와 감동이 있기도 하지만, 책을 통해 유용한 정보와 지식을 쌓을 수도 있습니다. 부모님이 먼저 책을 통해 정보를 얻고, 배우는 모습을 보여주세요. 가족이 함께 책을 읽고 새롭게 알게 된 사실을 나누는 시간을 주기적으로 갖는 것도 좋습니다.

아이가 책 읽기의 즐거움을 느끼면 좋겠다는 마음은 다들 갖고 있으리라 생각합니다. 저 역시도 이런 마음으로 아이의 책 읽기를 아기 때부터 도와주었고, 지금도 계속하고 있는데요. 제가 사용한 방법을 정리해보겠습니다.

:: 책 읽기의 즐거움을 느낄 수 있는 방법 ::

방법 1 | 책을 즐겁게 여길 수 있는 물리적 환경 조성하기

집에 재미있는 책을 많이 비치하고, 과잉 '재미 자극'을 줄 수 있는 놀잇감, 게임기, 스마트폰을 최소화했습니다. 이런 물리적 환경은 아기 때부터 제공했는데요, 놀잇감을 정말 적게 들였습니다. 대신 '책이 놀잇감'이라고 생각할 수 있게 어렸을 때부터 조작북이나 아이가 흥미를 갖는 주제와 관련된 책을 두었습니다. 만약 아이가 책을 재미없게 느끼고, 이미 책 이상의 다른 재미 자극에 노출되었다면 재미를 위한 책을 어느 정도는 경험하게 해줄 필요도 있다고 생각합니다. 아이가 책으로 돌아올 수 있게 해줘야 하니까요.

아이가 읽고 싶지 않아 하는 재미없는 책으로 책장을 채우고, "책으로 돌아와야지!"라고 하는 건 부모님 욕심인 듯합니다. 그런 걸 원했다면, 책 이상의 '재미 자극'에 노출되지 않게 진작 물리적 환경을 만들어줬어야 하죠. 만약 아이가 책 읽는 즐거움을 느껴야 하는 단계라면, 지금 우리 집 책장에 아이가 재미있게 읽을 수 있는 책으로 채워져 있는지 확인해보세요. 아이마다 재미를 느끼는 요소, 자극의 정도가 다르기에 '아이가 재미있게 읽을 수 있는 책' 역시 아이마다 다릅니다. 아이가 현재 어떤 영역에 재미를 느끼는지 관찰과 대화를 통해 파악해보세요.

방법 2 | 책, 그리고 부모님

보통 책을 좋아하는 아이들을 보면 부모님도 책을 좋아하거나 많이 읽습니다. 부모님이 책을 좋아하고 많이 읽는다고 해도, 무조건 아이가 책을 좋아하게 된다는 의미는 아닙니다. 아이에게 '부모님의 책 읽기'가 어떻게 비춰지는지가 중요하죠. 책 읽기를 시작한 아이에게 아무 반응 없이 '책만 읽고 있는 부모님'이 되는 건 그다지 효과적이지 않다고 생각합니다. 저는 의도적으로 아이에게 비문학 책을 읽을 땐 새롭게 알게 된 내용을 이야기해주기도 하고, 문학 책을 읽을 땐 깔깔대고 웃으며 재미있는 부분을 아이와 함께 나누기도 했습니다. '제가 지금 왜 이 책을 읽고 있는지', '이 책을 읽으면 어떤 점이 좋은지' 아이에게 알려주고 싶었거든요. "책 읽으면 머리가 좋아져."라거나 "책이 재미있는데, 읽어봐!"라고 말로 하는 것보다 몸소 아이에게 보여 주는 것이 좋습니다. 이 방법은 책 읽기가 잘 자리 잡히도록 도울 때 사용했는데요. 지금은 아이의 책 읽기가 어느 정도 자리 잡혀서 아이가 책 읽는 동안 저는 조용히 집안일을 하거나 아이 옆에서 같이 책을 읽습니다. 이제는 아이가 집중하면서 책을 읽는 것이 더 중요한 시기이기 때문입니다.

방법 3 | 아이가 원하는 책 VS 부모님이 원하는 책

아이가 원하는 책과 부모님이 원하는 책이 달라서 어려움을 겪는 경우도 있습니다. 제 아이는 한때 한국사에 빠져서 한국사 책만 읽으려고 했습니다. 반가운 일이긴 했습니다만, 다른 책들도 아이가 읽으면 좋겠다는 마음이 들어서, 저는 아이가 다양한 책을 균형 있게 읽을 수 있게끔 했습니다.

그래도 책 읽기에서 메인은 아이가 읽기 원하는 책입니다. 왜냐하면 공부도, 독서도 아이가 주체이기 때문입니다. 지금 아이가 읽는 책이 학습 성장에 도움이 되는 책이라면 아이 중심의 책 읽기를 해도 됩니다. 하지만 아이가 너무 재미를 위한 책만 읽고 있다면, 학습 성장에 도움이 되는 책을 읽을 수 있게 도와야겠죠.

그렇다면 부모님이 원하는 책은 어떻게 읽게 할까요? 그 방법은 부모님이 직접 읽어주는 것입니다. 저는 아이가 문학을 가까이 했으면 좋겠다는 바람이 있어서, 문학 책은 기꺼이 제가 읽어주고 있습니다. 글밥이 제법 있는데도 읽어주죠. 제가 책을 재미있게 읽어주면 아이가 알아서 뒷부분을 읽기도 합니다. 제가 재미없게 읽으면 아이는 읽지 않죠. 따라서 부모님이 책을 어떻게 읽어주는지도 중요합니다.

아이 혼자 문학서를 읽게 할 때는 글밥이 적으면서도 쉽고 재미있게 읽히는 문학서를 권해주고 있습니다. 반면에 비문학서는 제가 읽으라는 말을 하지 않아도 아이가 알아서 읽습니다. 그래서 비문학서는 글밥이 많고, 수준 높은 읽기 능력을 요구하는 책들로 넣어주고 있습니다. 아이의 읽기 수준이 도서 분야에 따라 다를 수 있으니 분야별로 꼭 같은 수준의 책을 넣어줄 필요는 없습니다.

그리고 아이에게 책을 권할 때, '나이, 학년'에 맞추기보다는 '읽기 수준'에 맞춰야 합니다. 초등 1학년 대상으로 나온 책이더라도 우리 아이의 읽기 수준에는 적절하지 않을 수 있습니다. 이럴 경우 아이가 책 읽기에 즐거움을 느끼기 어렵겠죠.

더불어 아이가 부모님이 원하는 책을 읽었을 때, 아이에게 보상을 줄 수도 있습니다. 선물과 칭찬으로 말이죠. 저는 아이가 '제가 읽기 원하는 책'을 일정 권수 읽으면 '아이가 원하는 책'을 사주고 있습니다.

🔍 요약

- 아이가 책을 좋아하지 않는 원인을 생각해보세요.
- 아이가 책 읽기를 즐겁게 느낄 수 있는 물리적 환경, 심리적 환경을 조성해주세요.
- 부모님이 읽기 원하는 책과 아이가 읽기 원하는 책이 다르다면, 서로가 원하는 걸 함께 챙길 수 있는 방법을 사용해요.

상담 3 아이가 읽기 독립을 해야 할 시기가 되었는데, 어떻게 해야 할지 잘 모르겠어요. 읽기 독립을 어떻게 하는지 알려주세요.

아이가 7세 정도 되면, 읽기 독립에 신경이 쓰이기 시작합니다. 아이에게 책을 읽어주는 것이 부모님 입장에서 쉽지 않기도 하고, 주변에 슬슬 혼자 책을 읽는 아이가 있다는 이야기가 들리면 우리 아이와 비교되고 걱정되기도 하죠. 하지만 이런 이유로 아이의 읽기 독립을 서둘러서는 안 됩니다.

읽기 독립을 하는 시기는 아이마다 차이가 있습니다. 옆집 아이가 읽기 독립을 했다고 해서 우리 아이에게 강요하지 말아야 합니다. 객관적으로 우리 아이가 읽기 독립을 할 준비가 되었는지 확인해보세요. 아이가 다음과 같은 두 가지 조건을 충족했다면, 읽기 독립에 도전해도 좋습니다.

첫째, 책을 좋아한다.
둘째, 자연스러운 한글 읽기가 가능하다.

책을 좋아하지 않는 아이가 스스로 책을 읽기는 어렵습니다. 부모님의 강요에 의해 읽을 수도 있겠으나, 대충 읽거나 읽은 척만 할 가능성도 높습니다. 따라서 책을 좋아하지 않는 아이는 읽기 독립보다는 책을 좋아할 수 있게 하는 걸 우선시하세요.

아이가 초등학교에 가면 스스로 책을 읽어야 하는 상황을 만납니다. 그렇다 보니, 학교에 입학하면 아이의 읽기 독립이 저절로 되는 듯 보일 수 있습니다. 하지만 책을 좋아하는 아이와 그렇지 않은 아이의 책 읽기는 차이가 있습니다.

책을 좋아하는 아이는 한 권의 책을 골라 처음부터 끝까지 내용을 이해하면서 적절한 시간 동안 읽습니다. 하지만 그렇지 않은 아이는 책을 자주 바꿉니다. 책의 내용을 이해하면서 읽는 것이 아니라 읽는 척을 하는 것입니다. 그렇다 보니 책을 금방 읽고 다른 책으로 바꾸는 횟수가 많아집니다. 아이가 읽기 독립을 한 것 같아도 제대로 된 책 읽기를 하는 것이 아니죠. 이런 책 읽기는 아이의 학습 성장에 도움이 되지 않습니다.

아이가 책을 좋아하더라도 아직 한글을 완벽하게 숙지하지 못했다면, 읽기 독립보다는 부모님이 책을 읽어주는 것이 좋습니다. 아이가 책의 글자를 눈으로 보고, 부모님이 읽어주는 소리도 들으면서 한글에 대한 이해를 높일 수 있기 때문입니다. 스스로 책을 소리 내지 않고 읽으려면 눈으로 글자를 따라가면서 그 의미를 머리에 떠올릴 수 있어야 합니다. 하지만 읽기가 서툴면 눈으로 글자를 따라갈 때 멈추거나 다시 이전 글자로 되돌아가야 할 때가 많아집니다. 이런 경우에 아이는 답답함을 느낄 수밖에 없고 읽기도 싫어집니다. 따라서 아이가 한글 읽기를 충분히 자연스럽게 할 수 있을 때, 읽기 독립을 시도하는 것이 좋습니다.

읽기 독립을 위한 책은 '아이가 재미있다고 느끼는 책', '아이 수준에서 충분히 스스로 읽을 수 있는 책'이어야 합니다. 참고로 저의 읽기 독립 방법을 소개하면 다음과 같습니다.

- **아이가 좋아하는 책이 무엇인지 확인하기**

아이가 정말 좋아하는 책이 무엇인지 확인합니다.

- **적절한 타이밍에 '스스로 읽자'고 제안하기**

"엄마(아빠)가 지금 할 일이 있는데 먼저 한번 읽어볼래?"라고 물어보고, 아이의 반응을 살핍니다.

- **책을 스스로 읽으면 좋은 점 알려주기**

"누구는 혼자 책 읽는데 ○○이는 혼자 책 못 읽네!"라고 비교하는 말은 하지 않습니다. 대신 "스스로 책을 읽으니깐, 엄마(아빠) 올 때까지 기다리지 않고 언제든지 읽고 싶은 책을 읽을 수 있어서 좋겠다!"라고 말합니다. 이렇게 책을 스스로 읽으면 어떤 점이 좋은지 구체적으로 알려줍니다.

이 중에서도 '아이가 좋아하는 책이 무엇인지 확인하기' 단계가 중요합니다. 아이가

'책을 빨리 읽고 싶어! 엄마(아빠)가 바빠서 이따 읽어준다고 했는데, 난 지금 읽고 싶어! 에잇! 내가 읽어버리자!' 이런 마음이 들 정도의 책이어야 스스로 책을 읽기 시작할 수 있겠죠.

아이가 읽기 독립을 했더라도 책 읽어주기는 계속돼야 합니다. 이때 책 읽어주기는 어떻게 해야 할까요? 현재 아이 수준보다 조금 더 높은, 아이 스스로 읽기 어려운 책을 읽어주면 됩니다. 글밥이 많은 책을 읽을 땐 하루에 다 읽으려면 힘들기 때문에, 며칠에 걸쳐 나누어서 읽어주면 됩니다. 그러면 아이는 자연스레 '책을 며칠 동안 나누어서 읽어도 괜찮다는 점'을 알게 됩니다.

아이가 스스로 읽는 책보다 수준이 높은 책을 읽어줄 땐, 책을 읽고 나서 새롭게 알게 된 점에 대해 함께 이야기를 나누고, 책 읽는 중에 아이가 질문을 하면 성의껏 답을 해줍니다. 아이가 스스로 읽는 책보다 엄청 어려운 책을 읽어주지 않아도 됩니다. 책 읽는 중에 부모님이 설명해줘야 할 내용이 너무 많다면 책 수준을 좀 더 낮추는 걸 권장합니다.

그렇다면 책 읽어주기는 언제까지 해야 할까요? 언제까지라고 답이 정해져 있지 않습니다. 아이가 원한다면, 부모님이 원한다면, 중학생이나 고등학생이 돼서도 할 수 있는 것이 책 읽어주기입니다. 제가 중학생 때 만난 선생님은 수업 전에 항상 10분씩 책을 읽어주셨는데, 그 이야기가 재미있어서 스스로 그 책을 사서 읽은 적이 있습니다. '우리 아이가 읽었으면 좋겠다'라는 생각이 드는 책이 있다면 아이에게 그 책을 부모님이 읽어주는 것도 좋습니다.

> **🔍 요약**
> - 우리 아이가 읽기 독립을 해도 되는 시기인지 생각해보세요.
> - 읽기 독립을 했더라도 아이가 원한다면 책을 읽어주세요.

상담 4 아이와 초등 1학년 대상으로 나온 독해 문제집을 풀고 있습니다. 그런데 글을 읽고 문제를 잘못 풀 때가 있더라고요(특히, 글에서 중심 내용 찾는 걸 어려워합니다). 저는 독후 활동이 아이가 책과 멀어지게 할 수도 있다고 해서 따로 독후 활동을 하지 않는데, 그렇다 보니 아이가 책을 제대로 이해하지 않은 건 아닌지 우려됩니다. 글의 내용을 제대로 파악하는 능력을 갖추기 위한 독서 지도는 어떻게 하는 것이 좋을지 알려주세요.

독해에서 중심 내용을 파악하는 건 쉬운 일이 아닙니다. 따라서 독서와 독해를 같은 선 위에 놓고 가는 건 아이의 학습 성장에 도움이 되지 않습니다. 독서가 독해에 긍정적 영향을 줄 수는 있으나, 그것이 독해 교재에 나온 문제를 잘 푸는 걸로 바로 직결되지는 않죠. '내용 이해력' 향상과 더불어 '중심 내용 파악하기', '글에 나타난 내용 찾기', '글에 나온 근거를 통해 예상하기' 등 독해 문제를 푸는 스킬을 높이는 데 독해 교재의 목적을 둬야 한다고 봅니다. 중심 내용을 파악하려면 '중심 내용을 파악하기 위한 방법'을 익히고 충분히 연습을 해야겠죠.

사실 초등 저학년 시기에 독해 문제를 풀게 하느냐, 마느냐로 의견이 갈리기도 합니다. 책을 많이 읽는 아이들은 독해력도 저절로 늘어난다는 이유에서 독해 교재를 풀 필요가 없다고 하는 분도 있습니다. 하지만 저는 '독해 교재를 배제할 필요는 없다'는 입장입니다. 읽기 방법을 익히는 데 도움이 되는 부분도 있기 때문이죠. 다만 독해보다 독서가 좀 더 메인이 돼야 한다는 건 인정합니다. 독서는 독해 교재 학습보다 더 많이 학습을 아우르고 있으니까요. 아이가 독해 교재를 푸는 걸 독서와 바로 연결시키기보다는 '글 읽고 내용 이해하기', '중심 내용 찾기'처럼 글 읽는 방법을 익히게 도와준다는 측면에서 보면 좋겠습니다.

저는 독후 활동 역시 배제할 필요가 없다고 생각합니다. 과잉 독후 활동(계속 아이에게 책 내용을 물어본다든지, 글쓰기가 아직 어려운 아이에게 독후 감상문을 쓰게 하는 등의 활동)은 오히려 책과 아이를 멀어지게 만들 수 있지만, 아이의 흥미를 고려한 적절한 방식의 독후 활동은 '책을 어떻게 읽어야 하는지', '책을 읽고 자기 생각을 어떤 식으로 표현해야 하는지' 알 수 있게 도와주기 때문입니다.

저는 아이와 하루에 한 권, 이틀에 한 권 정도로 독후 활동을 하고 있습니다. 제가 하루에 한 권, 이틀에 한 권 정도로 독후 활동을 한다고 하면 깜짝 놀라는 부모님이 있습니다. '독후 활동'은 시간이 오래 걸린다고 생각하기 때문이죠. 하지만 책을 읽은 후 '책에 나온 내용', '책을 읽고 난 생각이나 느낌'에 대해 이야기를 나누는 것도 독후 활동입니다. 바쁜 학기 중에는 이런 식으로 간단하게 독후 활동을 하고 있습니다.

독후 활동 없이 아이에게 제대로 책 읽는 방법을 알려주고 싶다면, 부모님이 본보기를 보여주는 방법도 있습니다. 비문학 책을 읽고 알게 된 점을 아이와 나눈다든지, 문학 책을 읽고 재미있는 부분을 아이와 공유하는 것입니다. 더 나아가 아이가 먼저 읽은 책을 갖고 와서 자신이 알게 된 점, 재미있게 읽은 부분을 이야기해주면 좋겠죠. 가족이 모여 책을 읽고, 각자 읽은 책의 내용과 생각이나 느낌을 나누는 시간을 가지는 방법도 있습니다. 어떻게 하면 과잉 독후 활동이나 과잉 독서 개입을 하지 않는 선에서 아이가 책의 내용을 이해하며 읽게 도와줄 수 있을지 생각해보세요.

🔍요약

- 글의 중심 내용을 파악하는 건 어려운 일이에요. 지금 우리 아이가 하고 있는 독해 교재의 수준이 적합한지 생각해보세요.
- 우리 아이의 수준에 적합한 독해 교재라면 꾸준히 푸는 방법을 알려주세요.
- 책 읽기와 독후 활동을 통해, 중심 내용을 찾는 능력을 길러줄 수도 있어요.

상담5 아이가 받아쓰기를 너무 어려워합니다. 학교에서 받아쓰기를 하니깐 아예 안 할 수는 없을 것 같은데요. 어떻게 하면 받아쓰기 공부를 잘 도와줄 수 있을까요?

받아쓰기를 어려워하는 아이라면, 100점을 맞는 걸 목표로 하기보다 지금 아이 수준에서 조금 더 성장하는 데 집중하기를 권장합니다. 만약 아이가 30점을 맞고 있다면 100점을 목표로 하기보다 좀 더 현실적인 목표를 세워보는 것입니다. 아이와 함께 목표를 정해도 좋겠죠. 받아쓰기 공부를 할 때 옆에서 관찰하면서 아이가 받아쓰기를 어려워하는 원인을 찾아보는 것도 좋습니다. 아이가 어려워하는 원인을 알면, 좀 더 효과적으로 도와줄 수 있기 때문입니다.

:: 받아쓰기를 어려워하는 원인에 따른 지도 방법 ::

· 단어, 문장을 들은 걸 외우지 못하겠어요!

반복만큼 외우기에 좋은 건 없으나 아이가 질리지 않게 해야 합니다. 문장의 길이를 줄이거나 짧은 단어로 받아쓰기를 해보세요. 평소에 주어진 단어, 문장을 듣고 따라 말하는 연습을 꾸준히 하는 것도 좋습니다. 아이가 '쓰는 행위' 자체를 부담스러워할 수도 있는데, 따라 말하는 건 부담이 덜하기 때문입니다. 어차피 단어나 문장을 듣고 따라 말하려면 그 단어나 문장을 기억해야 합니다. '시장에 가면', '메모리 카드'와 같은 놀이도 아이의 기억력을 높이는 데 도움을 줄 수 있습니다.

· 낱말을 계속 틀리게 쓰게 돼요!

아이가 어떤 낱말을 어려워하는지 확인합니다. 받침이 있는 낱말일 수도 있고, 겹받침이 있는 낱말일 수도 있습니다. 받침 여부와 상관없이 한글의 발음과 표기에 차이가 있는 낱말일 수도 있죠. 이 경우도 반복해서 연습하는 것이 좋지만 아이가 질리지 않을 정도로 잘 조율해야 합니다. 아이가 받아쓰기 문장을 다 쓴 뒤에 스스로 점검하며 틀리게 쓴 낱말을 찾을 기회를 주세요. 아이가 스스로 틀린 낱말을 찾지 못한다면 바로 틀렸다고 하지 말고 힌트를 줍니다. 자주 틀리는 낱말은 지속적으로 짚어줘서, 그 낱말이 나왔을 때 다시 한 번 검토해보게 할 수도 있습니다.

• 받아쓰기 공부할 양이 너무 많아요!

'공부 시간을 관리하는 방법'을 알려줍니다. 처음부터 양이 많다고 줄이거나 포기하기보다 주어진 양을 어떻게 효율적으로 배분할 수 있는지 알려주세요. 아이가 처음부터 공부하는 시간을 잘 관리하기는 어려우므로 부모님이 먼저 받아쓰기 공부 시간을 잘 배분해 아이를 도와줍니다.

아이의 학습 성향에 따라 받아쓰기 공부를 나누어서 하는 걸 편하게 느낄 수도 있고, 한 번에 몰아서 하는 걸 더 편하게 느낄 수도 있습니다. 아이에게 맞는 학습 방법을 찾아보세요.

• 받아쓰기 연습 자체가 재미없어서 싫어요!

학교에서 하는 받아쓰기와 별개로 놀이처럼 받아쓰기를 해보세요. 아이가 좋아하는 주제와 관련된 낱말과 문장으로 말이죠. 예를 들어 아이가 동물에 관심이 많을 땐 동물과 관련된 낱말이나 문장으로 받아쓰기를 하고, 만화에 관심이 많을 땐 만화에 등장하는 인물 이름이 들어간 문장으로 받아쓰기를 해보세요.

집에서 받아쓰기 연습을 할 땐 아이가 좋아하는 캐릭터 공책이나 필기도구를 마련해 그것으로 받아쓰기를 해도 좋습니다. 자신이 좋아하는 문구용품을 사용하면 받아쓰기에 대한 거부감이 줄어들 수 있습니다.

무엇보다도 받아쓰기 공부를 힘들어하는 아이의 마음을 부모님이 이해해주는 것이 중요합니다. 받아쓰기 연습을 잘 해냈을 땐 노력한 것을 구체적으로 칭찬하고 격려해주세요.

• 맞춤법은 잘 맞히는데, 문장부호와 띄어쓰기에서 **틀려요!**

아이가 받아쓰기 시험에서 틀린 부분에 대해 바로 정답을 일러주지 말고, 아이 스스로 고쳐보게 합니다. 띄어쓰기의 경우, 어른들도 많이 틀리는데 초등 1학년 아이에게 어려운 것이 당연합니다. 따라서 띄어쓰기는 좀 더 길게 보고 가되, 가능한 한 학교에서 보는 받아쓰기에서 나온 띄어쓰기는 맞힐 수 있게 연습합니다. 집에서 연습할 때, 띄어쓰기 부분에서 박수를 치면서 연습해보세요. 초등 1학년 발달 특성상 띄어쓰기를 눈으로만 봐서 익히기는 어렵습니다.

더불어 어문 규정을 잘 지킨 책을 많이 읽게 해주세요. 쉬운 문장으로 된 책을 따라 쓰는 활동을 하는 것도 좋습니다. 이런 활동들은 문장부호와 띄어쓰기를 직관적으로 익히는 데 도움이 됩니다.

요약

- 아이의 받아쓰기 수준을 객관적으로 보고, 현실적인 목표를 세워보세요.
- 아이가 받아쓰기를 어려워하는 원인을 찾아보세요.
- 원인에 따라 적절한 방법으로 지도해보세요.

상담 6 아이와 일기 쓰기를 할 때마다 계속 실랑이를 벌이게 됩니다. 아이가 일기 쓰기를 좀 더 수월하게 할 방법은 없을까요?

아이가 일기를 잘 쓰려면 다른 글을 많이 읽어봐야 합니다. 책을 읽는 것부터 다른 사람이 쓴 일기, 또래가 쓴 일기를 읽어보는 것도 도움이 됩니다. 더불어 왜 아이가 일기를 쓰기 싫어하는지 이야기해볼 필요가 있습니다. 아이가 일기를 쓰기 싫어하는 원인에는 '생각하기 싫음', '생각은 하는데 그걸 글로 표현하기 어려움', '글쓰기 자체가 싫음' 등이 있는데, 원인에 따라 적절한 방법으로 지도해야 합니다.

:: 일기 쓰기를 어려워하는 원인에 따른 지도 방법 ::

- **생각하기 싫어요!**

학년이 올라가면 생각하는 힘이 갑자기 생길 것이라고 여기지 마세요. 학교에 입학했다고 갑자기 생각하는 힘이 생기지도 않습니다. 생각은 하면 할수록 늡니다. 따라서 지금이라도 생각하는 시간을 가져야 합니다. 일기 쓰기까지 안 가더라도 아이와 생각을 나누는 시간을 꼭 가지세요.

생각하기 싫은 아이에게 갑자기 생각을 하라고 하면 당연히 효과가 없습니다. 아이를 잘 관찰해 아이가 재미를 느낄 수 있는 일기 주제를 찾아서 이에 대해 아이와 이야기를 충분히 나누세요. 꼭 그날 겪은 특별한 일을 일기로 쓸 필요는 없습니다. 아이의 흥미 영역과 관련된 것을 일기 주제로 제시할 수도 있으며, 아이와 함께 일기의 주제를 찾을 수도 있죠. 만약 아이가 공룡에 관심이 많다면 공룡에 대해 알아보고, 무엇을 알았는지, 그 과정에서 어떤 느낌이 들었는지, 공룡에 대한 생각이 어떤지, 공룡이 지금 시대에 있다면 어떨 것 같다고 생각하는지 등 다양한 측면에서 이야기를 나누어보고 일기를 쓸 수 있습니다.

아이가 생각하기를 싫어한다면 떠먹여주는 데 너무 익숙해져서 그럴 수도 있습니다. TV나 스마트폰에 많이 노출된 아이는 생각하기 싫어할 가능성이 높죠. TV나

스마트폰은 아이가 가만히 있어도 재미를 주는 매체입니다. 즉, 생각하지 않아도 자기 자신을 재미있게 해주는 매체인 것입니다. 따라서 TV나 스마트폰 노출을 줄여야 합니다. 간혹 아이가 심심해할 필요도 있습니다. 심심할 때 아이는 '지금 뭐하지?'라는 생각을 하겠죠.

자기 생각을 말해도 부모님이 잘 받아들이지 않는 상황을 많이 겪은 아이 역시 생각하기 싫어합니다. 생각한 걸 표현해봤자 자기 뜻대로 안 될 때가 많기 때문이죠. 이런 상황을 줄이려면 일상에서 아이가 생각을 말할 때 부모님이 진지하게 경청하며 반응해야 합니다. 아이의 생각을 모두 수용하라는 건 아닙니다. 아이의 생각과 부모님의 생각이 다를 경우, 적절히 조율하는 과정이 필요합니다. 조율하는 과정도 없이 "말도 안 돼!", "어디서 그 따위 생각을 했니?"와 같은 반응을 보인다면, 아이는 생각하기 싫어질 것입니다.

• 문장으로 표현하는 것이 어려워요!

문장 쓰는 방법 자체를 익혀야 합니다. 문장을 쓰는 방법을 익히는 데 도움이 되는 방법에는 '좋은 문장 많이 읽기', '좋은 문장 많이 따라 쓰기', '문장의 빈칸 채워 쓰기' 등이 있습니다. 아직 아이가 문장 표현을 어려워한다면, 수식어가 많은 문장 쓰기보다는 주어, 목적어, 수식어 형태의 단순한 문장 쓰기를 하게 해주세요.

아이가 자기 생각을 글로 적는 걸 어려워한다면, 생각을 말로 먼저 표현해보게 합니다. 부모님은 아이의 말을 문장으로 옮겨 적은 후, 아이와 함께 그 문장을 소리 내어 읽어봅니다. 예를 들어, "오늘 한 일 중 어떤 일이 재미있었니?"라는 물음에 아이가 "오늘 가족들과 함께 보드게임을 한 일이요. 제가 질 뻔했는데 겨우 이겼어요!"라고 말한다면, 부모님이 "가족과 보드게임을 했다. 보드게임에서 질 줄 알았는데 이겨서 재미있었다."와 같은 문장을 적고, 아이와 함께 소리 내어 읽는 것입니다. 이를 통해 아이는 자신의 생각을 글로 어떻게 표현할 수 있는지 배울 수 있습니다.

• '쓰기' 활동 자체가 힘들어요!

글씨를 쓰는 행동 자체가 힘들어서 일기 쓰기를 싫어하는 경우도 있습니다. 글을 쓸 때 손과 팔에 힘이 적절하게 들어가야 하는데, 힘을 주고 글씨를 쓰는 것이 싫은 것이죠. 아이가 이런 이유에서 일기 쓰기를 싫어한다면, 쓰기 기능을 높일 수 있는 활동을 해주세요. 바른 글씨 쓰기(따라 쓰기)는 쓰기 기능을 높일 수 있는 가장 좋은 활동이지만 과할 경우, '바른 글씨 쓰기'에 대한 거부감을 보일 수도 있습니다. 따라서 바른 글씨 쓰기만 하는 것이 아니라, 손과 팔의 힘을 기를 수 있는 다른 활동도 같이 해주면 좋습니다. 아무리 '쓰기' 활동 자체가 싫더라도 일기 쓰기 연습을 하지 않을 수는 없습니다. 따라서 쓰기 기능을 높일 수 있는 활동을 하는 동시에 일기 쓰기 연습도 해줘야 합니다.

가능하면 아이가 일기를 처음부터 끝까지 쓸 수 있게 격려해주되, 부모님이 보기에도 아이가 써야 할 글의 양이 너무 많아 보이면, 아이에게 일부 문장을 말하게 한 뒤, 부모님이 대신 써줘도 됩니다. 하지만 계속 아이가 문장을 말만 하고 부모님이 쓰기만 하는 건 좋지 않습니다. 쓰기 기능을 높일 수 있는 활동을 병행하면서 아이가 스스로 쓸 수 있는 문장 수, 글의 양을 늘려줘야 합니다. 이를 통해 아이가 일기를 스스로 쓸 수 있는 단계까지 나아갈 수 있게 해주는 것입니다.

※ 일기 쓰기 지도를 어떻게 시작해야 할지 모르겠다면 '국어 학습 성장을 위한 활동' 편에 제시한 일기 쓰기 지도 방법을 참고해주세요.

🔍 요약

- 글을 잘 쓰려면 좋은 글을 많이 읽어봐야 해요.
- 일기 쓰기를 싫어하는 원인을 찾아 지도해보세요.
- 원인이 복합적인 경우, 지도 방법을 고쳐서 사용해도 좋아요.

문법적인 부분은 천천히 실력을 늘려가도 괜찮습니다. 아이가 맞춤법, 띄어쓰기까지 완벽하게 일기를 쓰면 좋겠지만, 그걸 지적하다 보면 일기 쓰기 자체에 흥미를 잃을 가능성이 높기 때문입니다. 제 아이가 초등 1학년이던 시절, 저는 일기 쓰기를 도와줄 때 맞춤법과 띄어쓰기를 지적하지 않았습니다. 아이가 일기를 쓰면서 맞춤법에 대해 더 알고 싶다는 의사를 표현할 때만 알려주었죠.

맞춤법과 띄어쓰기를 익히기에 효과적인 학습은 '일기 쓰기'가 아닌 '받아쓰기', '따라쓰기', '좋은 문장 많이 읽기(독서)'입니다. 맞춤법보다는 글의 내용에 집중해서 일기를 쓰게 해주세요. 안 그래도 초등 1학년 아이에게 글쓰기는 쉽지 않은데, 맞춤법과 띄어쓰기까지 지켜야 한다면 얼마나 힘들까요?

그래도 맞춤법, 띄어쓰기를 한 번 확인해주고 싶다면 '아이 스스로 글 읽고 점검하기', '맞춤법이 헷갈리는 글자에 동그라미로 표시하기'와 같은 방법을 사용할 수는 있습니다. 하지만 가장 중요한 건 아이가 글쓰기에 질리지 않게 신경 써야 한다는 것입니다.

🔍 요약

- 초등 1학년 일기 쓰기는 '내용을 생각하고 글로 표현하는 것'에 포커스를 두세요.
- 맞춤법과 띄어쓰기를 배우는 데 효과적인 학습을 따로 해주세요.
- 아이가 글쓰기에 질리지 않게 해야 해요.

상담 8 초등 1학년 수준에서 맞춤법을 효과적으로 이해할 수 있는 방법이 있는지 궁금합니다.

한글 표기와 발음이 일치하지 않을 때도 있다는 것을 이해하게 도와주세요. 이것을 이해하기 시작하면 서서히 맞춤법의 원리도 깨달아갈 수 있습니다. 하지만 이것이 단기간에 되기는 어렵습니다(단기간에 되는 학습은 거의 없습니다). 부모님이 옆에서 이야기해주고, 다양한 쓰기 활동, 아이 스스로 문장을 소리 내어 읽는 활동 등을 통해 이런 원리를 서서히 이해할 수 있게 해주세요.

동시에 초등 1학년 국어 교과서, 아이 수준에 적절한 교재, 맞춤법 관련 책, 받아쓰기 공부 등을 통해 맞춤법 공부를 조금씩 하게 해주는 것도 좋습니다. 하지만 아이가 집중해서 학습할 수 있는 시간은 정해져 있으므로, 맞춤법에만 너무 치중하지 않게 해야 합니다.

문법이나 맞춤법은 '반복', '기억'을 통해 익히는 면도 분명히 있습니다. 문법과 맞춤법 외에도 학습 측면에서 기억을 잘하면 유리한 점이 많죠. 아이와 평소에 '시장에 가면', '메모리 카드', '상대방이 말한 낱말을 거꾸로 말하기(상대방이 "바나나"라고 말하면 "나나바"라고 말하는 놀이)'와 같이 기억력에 도움이 되는 놀이를 하는 것도 좋습니다.

요약
- 한글의 표기와 발음에는 차이가 있을 수 있다는 원리를 이해할 수 있게 도와주세요.
- 아이 수준에 맞춰 맞춤법을 익혀나갈 수 있게 해주세요.
- 기억력을 높일 수 있는 활동, 놀이를 해주세요.

상담 9 한 칸에 한 글자씩 쓰는 칸 공책을 아이가 사용하고 있는데요. 칸 안에 쓰는 걸 힘들어합니다. 줄 공책에 쓰기 연습을 하는 건 어떨까요?

저는 한 칸 안에 한 글자씩 맞춰 쓰는 연습이 꼭 필요하다고 생각합니다. 아이들에게 칸 안에 한 글자씩 잘 써보자고 하면 어려워합니다. 칸 안에 들어가게 글자를 쓰려면 글자의 크기, 모양 등을 고려해야 하거든요. 줄 공책에 쓰는 것보다 더 어려운 일이죠. 아이가 어려워한다고 바로 줄 공책으로 넘어가면, 아이의 글씨가 엉망이 될 가능성이 높습니다. 초등 중학년, 고학년이 돼서 줄 공책에 글을 쓸 때 글씨를 삐뚤삐뚤 쓰는 아이들이 생각보다 많거든요. 고학년 아이의 글씨를 고치는 일은 더 힘듭니다. 이미 습관으로 잡힌 글씨를 고쳐줘야 하니까요. 그래서 저는 초등 1학년 때 칸 공책에 글자의 크기와 모양 등을 생각하며 바르게 글씨 쓰는 연습을 해야 한다고 생각합니다. 글씨 쓰기도 하면 할수록 실력이 늘거든요.

일기 쓰기를 시작하는 단계에서도 칸 공책 형식의 일기장을 사용하는 걸 권장합니다. 칸 공책이 글씨와 띄어쓰기를 지도하는 데도 좋지만 줄 공책에 비해 적은 양으로도 한 장이 금방 채워져서 같은 양의 일기를 써도 더 많이 쓴 것 같거든요. 하지만 글 쓰는 양이 많아지면 칸 공책은 불편할 수 있습니다. 그땐 상황에 따라 줄 공책으로 넘어가는 걸 고려해도 되겠죠. 아이가 칸 안에 글씨 쓰는 것이 자리 잡히고 글 쓰는 양이 많아지면 줄 공책과 칸 공책을 병행해서 가도 좋습니다. 칸 공책에는 '바른 글씨 쓰기'와 '따라 쓰기'를 하고, 줄 공책에는 '일기 쓰기'를 하는 방식으로 말이죠.

🔍 **요약**

- 글씨 쓰기를 처음 시작할 땐 칸 공책에 쓰는 걸 권장해요.
- 초등 저학년 부모님의 고민: 아이가 글씨를 쓰기 싫어하는데 어떻게 해야 할까요?
- 초등 중·고학년 부모님의 고민: 아이가 글씨를 바르게 쓰려면 어떻게 해야 할까요?
- 글씨 쓰기는 힘들지만, 지금부터 차근차근 하는 것과 안 하는 것에는 차이가 나요. 일기도 처음에는 칸 공책에 쓰는 걸 권장해요. 아이의 글씨 쓰기, 글쓰기 능력의 성장에 따라 줄 공책으로 전환해보세요.

국어 학습 성장을 위한 활동

한글 자음자와 모음자의 생김새 알기	관련 영역: 한글 익히기

활동 목표	★ 자음자와 모음자의 형태를 구분할 수 있어요.
활동 방법	1. 부모님이 종이에 자음(혹은 모음)을 자유롭게 적어요. 2. 같은 자음자(혹은 모음자)끼리 같은 색으로 표시해요.
활동 팁!	아이가 헷갈리기 쉬운 자음자(혹은 모음자)를 갖고 활동해도 좋아요. (ㄱ/ㄴ/ㅋ, ㄷ/ㅌ/ㄹ, ㅇ/ㅎ 등)

한글 자음자와 모음자를 재미있게 익히게 해주려면?

한글 자음자와 모음자 알기	관련 영역: 한글 익히기

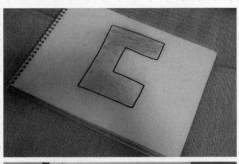

활동 목표	★ 자음자와 모음자의 모양과 이름을 익혀요. ★ 자음자와 모음자의 소리를 알고 말할 수 있어요.
활동 방법	1. 다양한 재료를 이용해서 한글 자음자와 모음자를 만들어요. 2. 자음자와 모음자의 이름을 말해요. 3. 자음자와 모음자를 소리 내어 말해요.
활동 팁!	1. 다양한 꾸미기 재료 중 아이가 선택할 수 있게 해주세요. 2. 자음자와 모음자 이름을 헷갈려 할 땐 힌트를 주세요. 3. 자음자와 모음자 소리를 완벽하게 익히지 못한 경우에는 부모님이 먼저 소리 내어 말하고, 그걸 따라서 말해요.

글자의 짜임을 알려주고 싶다면? 초등 1학년 수준의 어휘력 관련 활동을 하고 싶다면?	
낱말과 문장 만들기	관련 영역: 한글 익히기

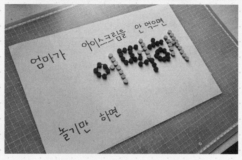

활동 목표	★ 글자의 짜임을 익혀요. ★ 낱말의 의미를 생각하며 어휘력을 길러요.
활동 방법	1. 책, 교재, 신문 등 자료에서 낱말을 골라요. 2. 고른 낱말을 꾸미기 도구들을 이용해서 예쁘게 만들어요. 3. 낱말이 들어가는 문장을 만들어요.
활동 팁!	1. 다양한 꾸미기 재료 중 아이가 선택할 수 있게 해주세요. 2. 글자의 짜임을 익히기 위해 자음, 모음, 받침을 서로 다른 색으로 만들 수도 있어요. 3. 만든 문장을 함께 소리 내어 읽어도 좋아요.

이야기(문학)에 나오는 등장인물 표현하기	관련 영역: 책 읽기

활동 목표	★ 책에 나오는 등장인물에 대해 말할 수 있어요.
	★ 다양한 표현 과정을 통해 창의력, 소근육 힘 등을 길러요.
활동 방법	1. 아이 수준에 적절한 책을 함께 읽어요.
	2. 등장인물에 누가 나오는지 확인하고, 그들에 대한 생각을 이야기해요.
	3. 등장인물들을 재미있는 방법으로 표현해요.
활동 팁!	등장인물 표현 방법은 종이접기, 만들기, 그리기 등 아이가 흥미 있게 할 수 있는 것으로 미리 생각해놓으면 좋아요.

	아이가 책 내용을 이해할 수 있게 도와주고 싶다면?	
책에서 다루는 주제와 관련된 내용 정리하기		관련 영역: 책 읽기

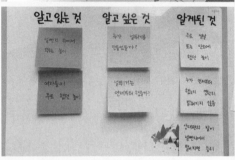

활동 목표	★ 책을 읽고, 내용을 정리할 수 있어요.
활동 방법	1. 책을 읽어요. 2. 책에서 다룬 주제와 관련된 내용을 다양한 방법으로 정리해요. 1) 마인드맵 그리기: 책에서 다룬 가장 중요한 주제를 가운데 놓고, 아이의 생각을 펼쳐나가요. 2) 알고 있는 것, 알고 싶은 것, 알게 된 것 정리하기: 책을 읽기 전, 책에서 다루는 주제와 관련해서 '알고 있는 것', '알고 싶은 것'을 적고, 책을 다 읽은 후 '알게 된 것'을 적어요.
활동 팁!	책을 읽고 내용을 정리하는 방법은 다양해요. 책의 종류, 책에서 다루는 주제, 아이의 흥미에 따라 선택해보세요.

책 읽기와 아이의 삶의 연관성을 알려주고 싶다면?	
책 내용과 아이의 삶을 연결 짓는 독후 활동하기	관련 영역: 책 읽기

활동 목표	★ 책에 나온 내용을 자신의 생활과 연결해서 생각할 수 있어요.
활동 방법	1. 아이의 흥미나 상황을 반영하고 있는 책을 읽어요. 2. 책 내용과 아이의 흥미나 상황을 관련지을 수 있는 활동을 해요. 1) 아이가 좋아하는 것 표현하기(예: 별자리 책을 읽고, 아이가 좋아하는 것을 별자리로 표현하기) 2) 책 내용을 아이의 삶에 적용하기(예: 방정환 책을 읽고, 어린이날 선언 만들기)
활동 팁!	이런 활동을 생각해내기 어렵긴 해요. 하지만 아이에게 책과 자신의 삶이 관련된다는 사실을 알려줌으로써 아이가 책 읽기에 더욱 관심을 갖게 할 수도 있으니 도전해보세요.

아이가 '쓰기'에 관심을 갖기 원한다면?

실생활에서 '쓰기' 경험 제공하기	관련 영역: 쓰기

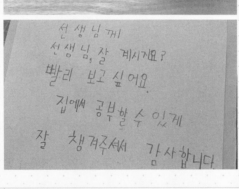

활동 목표	★ 실생활에서 이뤄지는 쓰기 활동을 통해, 쓰기의 중요성을 알아요.
활동 방법	1. '쓰기'를 해야 하는 실제 상황을 제시해요(생일 축하 편지 쓰기, 감사 편지 쓰기 등). 2. 글을 쓰는 목적을 생각하며 쓰기 활동을 해요(부모님은 아이의 쓰기 수준을 고려해 도움을 줘요). 3. 자신이 쓴 글을 읽어보며, 잘 썼는지 고칠 점은 없는지 점검해요. 4. 글을 전달해요(가능하면 아이 스스로 전달하는 것이 좋아요).
활동 팁!	아이가 가족, 친구, 선생님에게 전달할 글을 쓰는 활동을 할 수도 있지만, 부모님이 아이에게 글을 써서 주는 것도 좋아요. 부모님의 사랑이 담긴 글은 아이가 '글'에 대해 더 관심을 갖게 해줄 거예요.

일기 쓰기를 어떻게 시작해야 할지 모르겠다면?	
과정 중심의 일기 쓰기	관련 영역: 쓰기

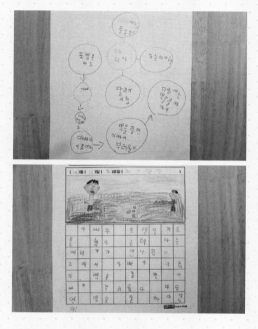

활동 목표	★ 자신이 겪은 일을 글로 써요.
활동 방법	1. 오늘 한 일을 떠올리고 이야기를 나누며 마인드맵으로 나타내요. 2. 마인드맵을 보며 일기로 쓸 내용을 정해요(필요할 경우, 그 내용에 대해 좀 더 자세히 이야기를 나누어요). 3. 이야기를 나누고 마인드맵으로 표현한 걸 바탕으로 일기를 써요. 4. 자신이 쓴 일기를 소리 내어 읽어요.
활동 팁!	1. 아이가 쓰기를 힘들어할 경우, 마인드맵은 부모님이 대신 적어줄 수도 있어요. 2. '누구와', '무엇을', '어디서', '어떻게' 했는지 이야기를 나누거나, "어떤 생각이 들었니?"와 같은 질문을 통해 더 자세한 내용을 정리할 수 있어요.

아이와 받아쓰기를 놀이처럼 해보고 싶다면?

듣고 적는 놀이하기	관련 영역: 쓰기

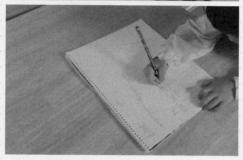

활동 목표	★ 듣고 적는 놀이를 하며 받아쓰기에 대한 거부감을 줄여요.
활동 방법	1. 아이가 좋아하는 책을 함께 읽어요. 2. 책에 나오는 낱말이나 문장을 골라요. 3. 부모님이 낱말이나 문장을 말하고, 아이는 들은 걸 적어요. 4. 책을 찾아 가며 답이 맞는지 확인해요.
활동 팁!	1. 책에 나오는 낱말이나 문장을 고를 땐 아이가 고르게 해보세요. 2. 아이와 부모님이 역할을 바꿔서 해도 재미있어요. 3. 동요를 듣고 적는 놀이를 할 수도 있어요.

2장

초등 1학년 수학 학습 성장

"선생님, 이 문제는 이해가 안 돼요. 무슨 말인지 전혀 모르겠어요."

수학 시간에 아이들로부터 자주 듣는 소리입니다. 심지어 서술형 수학 문제만 보면 멘붕이 온다는 아이도 있습니다.

"수학 과목은 어렵고 재미도 없는데 왜 배워야 해요?"

아직 초등학교 저학년인데도 가장 싫어하는 과목으로 수학을 꼽는 아이들도 있습니다. 아이들이 수학을 싫어하지 않게 하려면 초등 1학년 시기를 어떻게 보내야 할까요? 초등 1학년, 수학 학습에서 중요한 건 많은 학습량이 아니라 '기본을 탄탄하게 하는 것', '수학은 재미있는 교과'라고 느끼게 하는 것입니다. 또, 앞서도 말했지만 무엇보다도 잊지 말아야 할 건 수학 학습 전에 '국어'가 밑받침돼야 한다는 것이죠. 무슨 말인지 이해할 수 없고, 아는 것을 제대로 말이나 글로 표현하지 못하는 과목을 재미있다고 느낄 사람이 얼마나 있을까요?

수학 교과의 가장 큰 특징은 계열성이 있다는 것입니다. 계열성이 있다는 건 학년이 올라갈수록 배우는 내용의 범위가 넓어지고 어려워진다는 걸 의미합니다. 따라서 이전 학년에서 배워야 할 수학 개념과 원리를 제대로 이해하지 못하고 넘어갈 경우, 다음 학년 학습에 어려움을 겪게 됩니다. 초등 3학년 수학에서 분수가 처음 등장하는데, 분수를 이해하기 위해서는 자연수, 나눗셈과 같은 이전 학년에서 배운 개념과 원리를 정확히 알고 있어야 합니다.

　이런 의미에서 초등 1학년 수학 학습은 매우 중요합니다. 본격적인 수학 학습의 첫 단계로, 이때부터 수학 개념들과 원리들을 차곡차곡 쌓아감으로써, 다음 학년으로 올라갔을 때 수학 학습에 어려움을 겪지 않게 해줘야 하기 때문입니다. 간혹 초등 1학년 수학 교과 내용만 보고 너무 쉬워서 할 것이 없다고 생각하는 부모님이 있습니다. 하지만 쉬운 내용일지라도 아이가 제대로 이해하고 있는지 점검해야 합니다. 수학 개념과 원리가 쉽다는 생각에 수박 겉핥기로 넘어갈 경우, 학년이 올라갔을 때 아이가 수학 학습에 어려움을 토로할 수 있습니다. 이럴 경우 부모님도 아이도 굉장히 힘들겠죠. 또, 수학 학습 내용을 잘 이해할 수 있도록 국어 학습도 소홀히 하지 말아야 합니다.

　이제부터 우리 아이의 수학 학습 성장을 도울 수 있는 방법을 알아보겠습니다.

수학 학습 성장을 도울 수 있는 방법

1. 구체물로 익히기

수학이 어려운 원인 중 하나는 '수, 기호'라는 추상적인 언어를 사용한다는 것입니다. 어른들은 '1, 2, 3,……'과 같은 수라든지 '+, -, =,……'와 같은 기호를 익숙하고 당연하게 여깁니다. 하지만 아이에게는 그렇지 않습니다. 아이의 발달 단계상 추상적인 내용들을 이해하는 것이 어렵기 때문입니다.

수학 학습과 관련된 상담을 할 때, 부모님이 "아이가 수에 대해 잘 몰라요. 이렇게 쉬운 걸 왜 이해하지 못할까요?"라고 말하는 경우가 종종 있습니다. 하지만 '이렇게 쉬운 것'이라는 건 누구의 기준인지 생각해야 합니다. '쉽다'는 건 부모님의 기준입니다. 아이에게는 '수'가 추상적인 개념이라서 '1, 2, 3,······'과 같은 숫자와 그것이 가리키는 의미를 연결시키는 것이 어려울 수 있습니다. 우리에게는 쉬운 개념이지만 아이에게 어려울 수 있다는 걸 인정해야 아이의 수학 학습을 돕기가 수월해집니다.

아이가 이해하기 어려운 개념이라고 해서 수학을 가르치지 않을 수는 없습니다. 그렇다면 어떻게 해야 할까요? 가장 우선해야 할 건 '구체물로 익히기'입니다. 아이가 눈앞에 보이는 물건을 직접 조작하면서 수와 연결시키는 경험을 해야 하는 것입니다. 초등 1학년 수학에서 배우는 개념을 구체물로 익힐 수 있는 방법은 다음과 같습니다.

구체물로 수학 개념 익히기

- **수**: 구체물(바둑알, 사탕, 공깃돌, 작은 블록 등)을 이용해서 수를 세며 '수'가 갖는 의미(양)를 이해하게 합니다. 수에 대한 의미를 명확하게 익히면 수의 순서, 크기를 이해하는 데 도움이 됩니다.

- **입체도형(직육면체, 원기둥, 구)**: 집에 있는 직육면체, 원기둥, 구 모양 물건(상자, 두루마리 휴지, 공 등)을 직접 관찰하면서 입체도형의 특성을 익힐 수 있습니다.

- **모으기와 가르기**: 구체물을 이용해서 모으기와 가르기 연습을 합니다. 모으기와 가르기는 수 개념, 수 감각을 기르는 데 도움이 되며, 연산 학습의 기초가 됩니다.

- **덧셈**: 구체물을 이용해 덧셈 상황, 덧셈 과정을 이해할 수 있게 합니다. 덧셈 상황에는 합병(두 가지 수를 합치는 상황)과 첨가(원래 있던 수에 다른 수를 더하는 상황)가 있습니다. 덧셈 상황을 제시하며 각 상황에서 덧셈을 어떻게 하는지 구체물을 통

해 익힐 수 있습니다.

• **뺄셈**: 구체물을 이용해서 뺄셈 상황, 뺄셈 과정을 이해할 수 있게 합니다. 뺄셈 상황에는 제거(원래 있던 수에서 정해진 수만큼 빼는 것)와 비교(두 수의 차이를 구하는 것)가 있습니다. 뺄셈 상황을 제시하며 각 상황에서 뺄셈을 어떻게 하는지 구체물을 통해 익힐 수 있습니다.

• **10**: '9보다 1 큰 수'의 개념으로, 구체물 9개에 1개를 더하면 10이 된다는 걸 알려줄 수 있습니다.

• **10의 보수**: 10의 보수라는 말이 어려우면, 10의 짝꿍이라는 말로 바꾸어 사용해도 됩니다. 10의 보수를 제대로 익혀야 받아올림, 받아내림 연산을 이해하는 데 어려움이 없습니다. 구체물 10개를 갖고 '모으기와 가르기'를 하며 익힐 수 있습니다.

• **두 자리의 수와 자릿값**: 10개 이상 구체물을 10개씩 묶어 세는 연습을 함으로써 두 자리의 수와 자릿값에 대한 이해를 높일 수 있습니다.

• **평면도형(네모, 세모, 동그라미)**: 책, 창문, 책상 등 구체물을 보며 공통점을 찾아봄으로써 네모(사각형)의 개념, 특징을 익힐 수 있습니다.

2. 일상생활에서 수학 이야기 나누기

초등 1학년 아이는 자기와 관련된 이야기를 하는 걸 좋아합니다. 따라서 아이 일상에서 수학에 대한 이야기를 많이 해주는 것이 좋습니다. 생활 주변에서 나타나는 현상을 수학적으로 살펴볼 수 있게 돕는 것입니다. 아이는 일상에서 만나는 수학 경험을 통해 수학 개념과 원리를 차곡차곡 쌓아갈 수 있습니다.

일상생활에서 아이와 수학 이야기를 나누면 수학에 대한 흥미 및 학습 동기를 불러일으킬 수 있습니다. 학창 시절에 '왜 수학을 공부해야 할까?'라는 생각을 했던 부모님이 있을 것입니다. 제가 이런 생각을 했었거든요. 교육 현장에서 살펴보니, 이런 의문이 드는 원인을 '수학과 실생활이 연결되지 않은 교육'을 해온 데서 찾을 수 있었습니다. 수학 학습이 내 생활, 내 미래에 어떤 영향을 주는지 알 수 없는 상태에서 어려운 수학 개념과 원리를 공부하려니 수학 학습에 대한 흥미와 동기가 떨어졌던 것입니다. 이런 점에서 아이와 일상에서 수학에 대한 이야기를 많이 나누는 건 도움이 됩니다. 수학이 생활에서 어떤 의미를 가지는지, 어떤 영향을 주는지, 아이 스스로 느낄 수 있게 함으로써 수학 학습에 대한 흥미와 동기를 갖게 도와줄 수 있습니다.

일상생활에서 수학 이야기 나누기 사례

- **수**: 물건 수 세기, 물건 가격, 엘리베이터 버튼 살펴보기 등

- **덧셈, 뺄셈**: 과일을 먹으면서 서로 먹은 개수 합해보기, 원래 있던 과일 수에서 아이가 먹은 과일 수를 뺐더니 몇 개가 남는지 이야기하기, 엄마(아빠)가 갖고 있는 연필 수와 아이가 갖고 있는 연필 수를 합하거나 차이 구하기 등

- **비교하기**: 집에 있는 연필의 길이를 비교하며 이야기 나누기, 과자 봉지에 적혀 있는 무게 살펴보기 등

- **시계 보기**: 일상생활에서 시계를 보며 약속 시각 정하기, 외출할 때까지 시간이 얼마나 남았는지 알려주거나 물어보기 등

3. 아이 수준 파악하기

어떤 교과든지 아이의 수준을 정확하게 파악해 그에 맞추어 학습해야 합니다. 수학 역시 마찬가지인데, 수학은 계열성이 있는 교과인 만큼아이의 수준을 제대로 파악하고, 현 시점에서 배워야 할 개념과 원리를제대로 이해하고 있는지 확인하는 것이 매우 중요합니다.

다른 아이와 비교하는 건 아이의 수학 학습에 전혀 도움이 되지 않습니다. 다른 아이가 어려운 문제집을 풀고 있으니 우리 아이도 얼른 어려운 문제집을 풀게 해야겠다는 아이에게 수학 개념과 원리를 제대로 익히게 해줄 기회를 빼앗는 것과 마찬가지입니다. 다른 아이의 진도와 수준이 아닌 내 아이의 진도와 수준을 객관적으로 살펴야 합니다.

아이의 수준을 파악하는 건 아이의 학습 과정을 세심하게 관찰하면서 아이와 이야기를 나누는 데서 시작합니다. 수학 학습 상황에서 아이가 어떻게 문제를 풀고 있는지, 아이의 반응은 어떤지 보는 것입니다. 그리고 주기적으로 아이가 현재 배워야 할 개념과 원리를 잘 이해하고 있는지 확인합니다. 한 번의 관찰로 결론을 내리는 건 옳지 않습니다. 아이의 몸과 마음의 상태에 따라 일시적으로 자신이 알고 있는 걸 다풀어내지 못하는 경우도 있기 때문입니다.

아이의 수학 학습 수준을 파악해 현재 학습을 그대로 유지할 것인지, 더쉬운 단계로 돌아가서 복습을 할 것인지, 좀 더 어려운 학습으로 나아갈 것인지 선택해, 아이가 효과적으로 수학 학습을 할 수 있게 도와야 합니다.

4. 아이 현 수준에 적절한 교재 고르기

아이에게 적절한 수준은 '아이 스스로 할 수 있는 수준보다 조금 더 높은 수준'입니다. 아이가 문제집을 풀었을 때 너무 쉽게 100점을 맞는다면 그건 적절한 수준이 아니며, 반대로 아이가 아무리 열심히 해도 문제 맞히는 데 어려움이 있다면 그것 역시 적절한 수준이 아닙니다. 아이가 스스로 다 풀 수 있는 문제 수준이 아닌, 그렇다고 아예 풀 수조차 없는 문제 수준도 아닌, 70-80% 수준에서 해결할 수 있는 수준의 교재를 선정하는 걸 권장합니다.

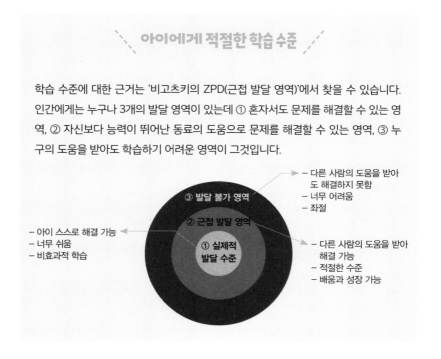

아이에게 적절한 학습 수준

학습 수준에 대한 근거는 '비고츠키의 ZPD(근접 발달 영역)'에서 찾을 수 있습니다. 인간에게는 누구나 3개의 발달 영역이 있는데 ① 혼자서도 문제를 해결할 수 있는 영역, ② 자신보다 능력이 뛰어난 동료의 도움으로 문제를 해결할 수 있는 영역, ③ 누구의 도움을 받아도 학습하기 어려운 영역이 그것입니다.

③ 발달 불가 영역

② 근접 발달 영역

① 실제적
발달 수준

– 아이 스스로 해결 가능
– 너무 쉬움
– 비효과적 학습

– 다른 사람의 도움을 받아도 해결하지 못함
– 너무 어려움
– 좌절

– 다른 사람의 도움을 받아 해결 가능
– 적절한 수준
– 배움과 성장 가능

여기서 우리가 주목해야 할 건 ②의 영역입니다. ①의 영역에 속하는 학습 수준은 아이에게 새로운 배움이 일어나지 않습니다. ③의 영역에 속하는 학습 수준은 아무리 공부를 해도 배움이 일어나지 않기에 불안감과 좌절감을 줄 수 있죠. 따라서 ②의 영역에 속하는, 즉 아이가 자신보다 능력이 뛰어난 사람의 도움으로 문제를 해결할 수 있는 수준의 교재를 제시하는 것이 좋습니다.

아이가 자신보다 능력이 뛰어난 사람인 부모님과 선생님의 도움을 받아 현재 자신의 학습 수준보다 더 나은 수준으로 성장할 수 있게 도와주세요.

5. 교과서 확인은 기본

《수학》교과서에는 아이가 배워야 할 수학 개념과 원리가 나와 있습니다. 따라서 아이의 교과서를 보면 초등 1학년 수준에서 기본적으로 익혀야 할 것들을 잘 익히고 있는지, 수업 태도는 좋은지 등 여러 가지 정보를 얻을 수 있습니다.

《수학》교과서를 보면 네모 상자 안에 수학 개념이 나와 있습니다. 이런 개념은 아이가 제대로 알고 넘어갈 수 있게 도와줘야 합니다. 지금 배운 개념들이 학년이 올라가서 더 어려운 개념을 배우는 데 바탕이 되기 때문이죠. 초등 1학년부터 개념을 차근차근 잘 쌓아가면 이후 학년에서 배우는 개념들을 이해하는 데 어려움이 줄어듭니다. 하지만 여기서 대충 하고 다음 학년으로 올라가면 그 다음에 배우는 개념들을 이해하는 데 어려움이 생겨 다시 이전 학년 공부를 해야 할 수도 있습니다.

《수학익힘책》은 가정학습용으로 나온 교과서지만, 선생님에 따라 학교에서 풀게 하는 경우도 있습니다. 아이가 학교에서 《수학익힘책》을 풀더라도 주기적으로 집에 갖고 와서 잘 따라가고 있는지 확인해보면 좋습니다. 《수학익힘책》에는 수업 시간에 배운 수학 개념과 원리를 이해해야 풀 수 있는 기초적인 문제와 《수학》 교과서에 있는 것보다 조금 더 높은 수준의 문제가 제시돼 있습니다. 《수학익힘책》에 나온 문제를 푸는 데 어려움이 있다면, 집에서 해당 내용에 대해 보충을 해줘야 합니다.

6. 놀이로 즐겁게 수학 경험 쌓기

수학은 놀이로 즐겁게 접근할 수 있는 교과입니다. 놀이를 싫어하는 아이는 없기에 놀이를 통해 추상적이고 어려운 수학 경험을 쌓아주는 것이 좋습니다. 수학 교과서에 나와 있는 '놀이 수학'을 참고해서 아이와 함께 해볼 수도 있고, 시중에 있는 보드게임으로 수학 경험을 쌓아줄 수도 있습니다. 아이와 함께 놀이를 직접 만들어서 할 수도 있죠.

보드게임을 하는 과정에서 아이는 점수를 계산하고, 말의 개수를 세며, 주사위에 나온 수만큼 말을 움직이는 등 다양한 수학 경험을 할 수 있습니다. 그리고 이를 통해 수 개념, 수 감각을 기를 수 있습니다. 저는 아이가 어렸을 때부터 놀이를 통한 수학 경험을 쌓아주고자 했습니다. 놀이가 수학 학습에 주는 긍정적인 힘을 믿기 때문입니다.

유아부터 초등 1학년 아이와 할 수 있는 수학 놀이 몇 가지를 소개합니다. 아이와 놀이할 땐 정해진 놀이 규칙을 그대로 해도 되지만, 아이가 어려워한다면 놀이 규칙을 좀 더 쉽게 수정해서 해도 좋습니다. 저는 스도쿠, 마방진, 칠교 같은 놀이를 할 땐 아이 수준에 맞춰서 아주 쉬운 단계부터 시작했습니다.

손 안에 몇 개 있을까?	• 한 사람이 바둑알이나 작은 블록을 손에 여러 개 쥐고, 상대방이 몇 개인지 맞히는 놀이입니다. • 아이의 수준에 따라 수의 범위를 정해놓고 할 수 있습니다. 손 안에 바둑알이나 블록이 몇 개인지 세면서 수 개념을 익힐 수 있습니다.
블록으로 모양 만들기	• 도형 블록으로 모양을 만드는 놀이입니다. • 도형의 모양, 모양과 모양이 만나 또 다른 모양을 만들 수 있다는 것(예: 삼각형과 삼각형이 만나 사각형이 되는 것)을 직관적으로 익힐 수 있습니다.
몇 개인지 맞히기	• 100개 이내 작은 블록들을 책상 위에 펼쳐놓고 몇 개인지 맞히는 놀이입니다. • 눈으로 보고 맞혀야 하므로 수 감각을 기르는 데 도움이 됩니다. 서로 예상한 수가 맞는지 확인하기 위해 수를 셀 때 10개씩 묶어 세면서 수 개념과 자리 값 개념을 배울 수 있습니다.
업(UP) & 다운(DOWN)	• 한 사람이 1~100까지의 수 중 한 가지를 생각하고 상대방이 생각한 수를 맞히는 놀이입니다. • 상대방이 수를 말하면 그 수가 생각한 수보다 큰지 작은지 "업" 또는 "다운"으로 답합니다. • 자신이 생각한 수보다 상대방이 말한 수가 큰지 작은지 판단하고, 상대방이 "업", "다운"으로 답한 걸 들으며 수를 추리해갑니다. 이를 통해 수 개념, 수의 크기 등에 대해 익힐 수 있습니다.
숫자 말하기	• 수를 1부터 순서대로 번갈아 세다가 약속한 수를 말하는 사람이 지는 놀이입니다. 한 번에 1~3개까지 수를 말할 수 있습니다. • 예를 들어, 30이라는 수를 말하는 사람이 진다고 약속을 정합니다. "1", "2, 3", "4, 5", "6, 7, 8" 같은 식으로 번갈아가며 수를 말하다가 30을 먼저 말하는 사람이 집니다. 수를 순서대로 말하면서 수의 계열에 대해 익힐 수 있으며, 놀이의 전략(문제 해결 전략)도 파악할 수 있습니다.

도블	• 카드를 보고 같은 그림을 찾는 놀이입니다. • 관찰력과 집중력, 비슷한 속성을 찾는 능력을 기르는 데 도움이 됩니다.
우노	• '원카드' 게임과 비슷한 놀이입니다. 제시된 카드와 같은 수나 같은 색상의 카드만 내려놓을 수 있습니다. 가진 카드를 먼저 다 내려놓는 사람이 승리하는 놀이입니다. • 관찰력, 숫자 인지 능력을 기를 수 있습니다. 카드를 어떻게 사용해야 하는지 생각하면서 놀이 전략을 세울 수도 있습니다.
텀블링몽키	• 주사위를 던져 나온 면의 색깔과 같은 색 막대기를 뽑습니다. 이 과정에서 막대기에 걸어두었던 원숭이들이 아래로 떨어집니다. 원숭이를 가장 적게 떨어뜨린 사람이 이기는 놀이입니다. • 같은 속성을 찾는 연습을 하며 분류 능력을 기를 수 있고, 원숭이를 세면서 수 개념을 익힐 수 있습니다.
슬리핑퀸즈	• 승리 조건에 충족하는 카드를 모은 사람이 승리하는 놀이입니다. • 같은 숫자 카드나 덧셈 조합이 만들어지는 카드를 찾아서 버리면서 수 개념을 익힐 수 있고, 덧셈에 대한 이해를 높일 수 있습니다.
할리갈리	• 카드를 내다가 같은 과일 모양이 5개가 되면 종을 칩니다. 먼저 종을 친 사람이 모인 카드를 모두 가져갑니다. 게임이 끝났을 때 카드를 가장 많이 가진 사람이 이깁니다. • 카드에 적힌 과일 수를 세면서 수 개념을 익힐 수 있습니다. 또, 과일이 5개가 되는 순간을 파악하면서 덧셈에 대한 이해를 높일 수 있습니다.
오목	• 바둑알을 번갈아 두며, 같은 색 돌 5개를 먼저 늘어놓는 사람이 이기는 놀이입니다. • 나와 상대방의 바둑알 수를 확인하면서 수 개념을 익힐 수 있고, 놀이에서 이길 수 있는 전략을 생각하면서 집중력도 기를 수 있습니다.
부루마불	• 주사위를 던져 나온 수만큼 이동하면서 땅을 사거나 상대방에게 통행료를 내다가 승리 조건을 먼저 충족한 사람이 이기는 놀이입니다. • 주사위를 던져 나온 수만큼 말을 이동하면서 수 개념을 익힐 수 있고, 돈 계산을 하면서 연산 능력을 기를 수 있습니다.
루미큐브	• 숫자가 적힌 패들 중 연속되는 숫자, 똑같은 숫자이지만 색깔이 서로 다른 패를 3개 이상 내려놓다가 먼저 패를 다 사용하는 사람이 이기는 놀이입니다. • 연속되는 숫자를 찾으면서 수의 순서를 익힐 수 있고, 내가 갖고 있는 패와 바닥에 있는 패를 비교하면서 관찰력과 집중력을 기를 수 있습니다.

칠교 놀이	• 7가지 모양 조각(칠교)으로 여러 가지 모양을 만드는 놀이입니다. • 칠교로 주어진 모양을 만들면서 도형 감각을 높일 수 있고, 자유롭게 아이 자신이 주제를 정해 칠교로 표현하면서 창의력을 기를 수도 있습니다.
스도쿠	• 칸에 주어진 숫자를 가로, 세로에 중복되지 않게 들어가게 하는 놀이입니다. • 주어진 숫자로 놀이를 하면서 숫자 인지 능력을 갖출 수 있고, 가로, 세로에 들어간 숫자가 중복되지 않았는지 확인하면서 관찰력과 집중력을 기를 수 있습니다.

* 지면 관계상 놀이 방법을 간단히 소개하였습니다. 더 자세한 놀이 방법을 책과 인터넷을 활용해 알아보고, 아이와 함께 수학 놀이를 해보세요.

7. 국어 능력 갖추기

수학은 국어 능력이 필수입니다. 초등 1학년 수학 교과서에 나오는 문장제 문제를 보면, 어른인 우리가 보기에는 쉬워 보입니다. 실제로 어렸을 때부터 책 읽기를 통해, 글을 이해하는 능력을 충분히 갖춰온 아이도 어렵지 않게 풀 수 있는 수준이죠. 만약 아이가 이런 문제를 푸는 데 어려움이 있다면 국어 능력을 더 높일 수 있게 해야 합니다. 문제를 해석하는 능력을 갖추는 데 가장 좋은 방법은 책 읽기입니다. 단, 수박 겉 핥기가 아닌 제대로 그 내용을 이해하며 책을 읽을 수 있어야겠죠. 이를 위해 책을 읽고 나서 아이가 내용을 이해하고 있는지 부모님이 확인해 볼 수 있습니다.

수학에서 문장제 문제가 나왔을 때 어떻게 읽어야 하는지 부모님이 알려줄 수도 있습니다. 앞에서부터 문장제 문제를 읽어가며 중요한 부분에는 표시를 하고, 끊어 읽는 등 문장제 문제 해결을 위한 전략을 구체적으로 아이에게 알려주는 것입니다. 부모님이 먼저 문장제 문제 푸는 시범을 보임으로써 아이가 익히게 하면 좋습니다.

아이에게 시범을 먼저 보여주고, 아이가 어느 정도 이해한 것 같으면 문제 안에 수를 바꾸어 아이가 실제로 해결할 수 있는지를 확인해보세요. 이렇게 비슷한 문제를 반복해 연습하면서 아이가 차근차근 문장제 문제를 풀 수 있게 하면 됩니다.

국어 능력이 충분히 갖춰진 아이라면 문장제 문제를 푸는 전략을 알려주지 않아도 할 수 있습니다. 이런 경우에는 교과서에 나온 문제 수준보다 좀 더 높은 심화 문제집에 도전해볼 수도 있겠죠.

수학 심화 문제집 활용 시 주의할 점

아이가 심화 문제를 풀 수준이 되지 않았는데 부모님의 욕심으로 문제집을 제시할 경우 '독'이 될 수 있습니다. 부모님이 '우리 아이는 국어 실력이 좋아. 수학 개념과 원리도 잘 이해하고 있어!'라고 생각하여 아이에게 심화 문제집을 제시했더라도, 막상 해보면 아이가 많이 힘들어할 수 있습니다.

이럴 때는 심화 문제 풀이에 계속 도전하게 할지, 과감히 내려놓을지 아이 수준과 성향을 고려하여 지혜롭게 선택해야 합니다. 아이가 어려워한다고 무조건 그만두라고 하지는 마세요. 어려우니 바로 그만두라고 하는 건 힘든 일은 쉽게 포기해도 된다고 알려주는 것이나 마찬가지이기 때문입니다.

상당수의 아이들이 수학 심화 문제집을 처음 접했을 때 굉장히 어려워합니다. 제 아이는 수학을 싫어할 것 같은 기색까지 보였습니다. 그래서 심화 문제집을 과감히 덮고, 한 학기 뒤에 풀기로 했습니다. 대신 '책 읽기'와 '수학 개념과 원리를 제대로 이해하는 일'에 집중했습니다. 이렇게 한 뒤 다시 심화 문제집을 제시했습니다. 여전히 어려워하긴 했지만 전보다 그 정도가 덜했습니다. 심화 문제 풀이에 계속 도전하려는 의지도 보였습니다. 그래서 심화 문제집을 그만두지 않고, 제가 옆에서 도와주는 방법을 선택했습니다. 아이가 심화 문제집을 풀 때, 옆에 있으면서 도움을 요청하면 힌트를 주거나 단서를 찾을 수 있는 질문을 했습니다.

아이들은 심화 문제집을 왜 어려워할까요? 문제가 무슨 말인지 이해가 되지 않거나 문제는 이해했는데 어떤 수학 개념과 원리를 사용해야 할지 모르기 때문입니다. 문제가 무슨 말인지 이해하지 못하는 경우에는 아이의 문제 이해 능력을 높여줄 수 있는 책 읽기, 문장제 문제 읽는 방법 익히기를 하게 해주는 것이 우선입니다. 문제는 이해했는데 어떤 수학 개념과 원리를 사용해야 할지 모르는 경우에는 해당 수학 개념과 원리를 더 제대로 이해할 수 있게 짚어주는 것이 우선이겠지요.

무조건 수준만 높이고 진도만 빼는 수학 학습은 아이를 수학과 점점 더 멀어지게 만듭니다. 심화 문제집을 계속 이어가야 할지 그만두어야 할지 고민이 된다면 목표를 '우리 아이가 수학에 흥미를 가지게 하기'로 해보세요.

초등 1학년 수준에서 정확하게 알아야 할 수학 개념과 원리

100까지의 수 범위에서
- 수 읽고 쓰기: 스물, 서른, 마흔 같은 방법으로도 읽고 쓰기
- 순서 수: 몇 째 이해하기, 3과 셋째는 다름을 알기
- 10에 대해 이해하기: 10의 개념(9 다음 수), 10의 보수(모아서 10이 되는 두 수 알기)
- 수의 계열: 수의 순서. 1 큰 수와 1 작은 수
- 크기 비교: 크기 비교해 말하기, 부등호 개념을 알고 사용하기
- 자리 값: 10개 묶음과 낱개 의미 알기

- 짝수와 홀수

덧셈과 뺄셈
- 수 개념, 수 감각: 모으기와 가르기를 통해 익히기
- 덧셈식, 뺄셈식을 읽고 쓰는 방법
- 덧셈 상황: 원래 있던 수에 다른 수 더하기, 두 수를 합치기
- 뺄셈 상황: 원래 있던 수에서 다른 수 빼기, 두 수의 차이 구하기
- 덧셈과 뺄셈 연산 원리: 10 만들어 더하기, 빼기
  (한 자리 수)+(한 자리 수) = (두 자리 수) 계산하기
  (두 자리 수)-(한 자리 수) = (한 자리 수) 계산하기

여러 가지 모양(입체도형과 평면도형)
- 직육면체, 원기둥, 구 모양 알기: 모양 찾기, 분류하기, 모양의 특징 알기
- 사각형, 삼각형, 원 모양 알기: 입체도형(구체물)의 일부로서 평면도형 모양 알기, 모양의 특징 알기

비교하기
- 두 가지 이상 대상의 속성 비교하기: 길이, 무게, 넓이, 들이(담을 수 있는 양) 비교하기
- 물건의 길이, 무게, 넓이, 들이를 비교한 결과 말하기: '길다, 짧다', '무겁다, 가볍다', '넓다, 좁다', '많다, 적다' 등을 적절하게 사용하기

시계 보기
- 시계를 보고 '몇 시', '몇 시 30분' 말하기
- '몇 시', '몇 시 30분'을 시계(모형 시계, 시계 그림)에 나타내기

규칙 찾기
- 구체물, 무늬, 수 배열에서 규칙 찾기
- 찾은 규칙을 여러 가지 방법으로 나타내기
- 자신이 규칙을 정해 구체물, 무늬, 수 등을 배열하기

초등 1학년 수학 내용은 어떻게 발전할까요?

1학년		이후 학습
• 99까지의 수 이해하기	→	• 999까지의 수 이해하기
• 덧셈과 뺄셈 상황과 계산 원리 알기 • 초등 1학년 수준에서 덧셈과 뺄셈 계산하기	→	• 받아올림, 받아내림이 있는 덧셈과 뺄셈 하기 • 곱셈하기
• 입체도형과 평면도형을 직관적으로 이해하고 분류하기	→	• 다각형, 원 특징 알기 • 꼭짓점, 변 등 도형과 관련된 수학 개념 알기 • 쌓기나무로 입체도형을 만들고, 위치 혹은 방향을 이용해서 말하기 • 분명한 기준으로 분류하기
• 두 가지 또는 세 가지 대상의 속성 비교하기	→	• 길이 단위 알기(1cm, 1mm, 1m 등) • 길이 재기 • 길이 계산하기
• '몇 시', '몇 시 30분' 알기	→	• '몇 시 몇 분' 알기 • 시간 계산하기
• 구체물, 무늬, 수 배열 등을 보고 규칙 찾기 • 규칙을 정해 구체물, 무늬, 수 등을 배열하기	→	• 덧셈표, 곱셈표, 쌓기나무 등을 보고 규칙 찾기 • 규칙을 수나 식으로 나타내기

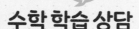

수학 학습 상담

상담 1 **아이가 그림이 몇 개인지 수를 셀 때, 계속 틀리게 세요. 어떻게 하면 좋을까요?**

아이가 수 세기를 할 때, 옆에서 관찰하며 어떤 지점에서 틀리는지 살펴보세요. 수 세기에 집중하지 못하거나 성향이 급해 꼼꼼히 확인하지 못할 가능성이 높은데요. 아이가 틀린 답에 집중하기보다는 어떻게 하면 틀리지 않을지 생각하는 것이 낫겠죠?

아이에게 제시한 수 세기 과제가 현재 우리 아이 수준에 적절한지 점검해보세요. 아이에게 복잡하게 제시된 그림 대신에 단순하게 제시된 그림을 주거나, 구체물로 수 세기를 꼼꼼하게 해도 좋습니다. 10이 넘어가는 수는 10개씩 묶어 세는 활동을 해보세요. 10개를 정확하게 세는 것이 어렵다면 2개씩 혹은 5개씩 묶어서 세면서 10개씩 묶어 세기까지 성공할 수 있게 도와주세요. 10개씩 묶어 세기가 자연스럽게 되면 수 세기 오류를 줄일 수 있습니다.

> 🔍 **요약**
> - 수 세기를 할 때 어떤 지점에서 틀리는지 확인해보세요.
> - 우리 아이에게 제시한 수 세기 과제가 아이의 수준에 적절한지 점검해보세요.
> - 묶어 세기를 연습하세요.

상담 2 **아이가 문제를 대충 읽고 풀어요. 어떻게 고칠 수 있을까요?**

꼼꼼하게 문제 읽기는 빨리 고쳐지기 어렵습니다. 저는 다음과 같은 두 가지를 주축으로 삼아, 길게 보고 갈 걸 권장합니다. 하나는 문제 풀 때 꼼꼼하게 읽으려는 마음가짐을 잡아주는 것이고, 다른 하나는 문제를 풀 때 꼼꼼하게 읽는 방법을 구체적으로 알려주는 것입니다.

마음가짐을 잡아주기 위해 문제를 틀린 이유에 대해 이야기를 나눠보세요. 더 나아가 왜 공부를 해야 하고, 왜 문제를 잘 풀어야 하는지 이야기를 나눠도 좋습니다.

꼼꼼하게 문제를 읽는 방법에는 '중요한 포인트에 동그라미하기', '무엇을 구하라고 했는지 다시 한 번 확인하기', '문제를 밑줄 치며 읽기' 등이 있습니다. 이 부분은 아이와 실제로 문제를 풀 때 같이 해보면서 알려주는 것이 좋습니다. 특히 밑줄 치며 읽는 방법은 문제에 나온 내용을 놓치지 않게 해주는 효과가 있는 반면, 자칫하면 아이가 문제는 읽지 않고 밑줄만 치는 경우가 생길 수 있습니다. 그러므로 아이가 문제 풀 때 확인하는 걸 권장합니다. 만약 아이가 문제는 읽지 않고 밑줄만 친다면 다른 방법으로 접근해야 합니다.

제가 가르쳤던 아이들 중에는 공부를 왜 해야 하는지 깨닫고, 자기 스스로 노력해 문제를 꼼꼼히 읽고 검토도 여러 번 하는 아이도 있었습니다. 이런 아이는 문제를 꼼꼼히 읽으려는 마음가짐이 잡힌 것입니다. 학습을 대하는 마음가짐에 관한 이야기를 아이와 지속적으로 나누고, 중간중간 문제를 꼼꼼하게 읽으려면 어떻게 해야 하는지 알려주세요.

> **🔍 요약**
> - '꼼꼼히 문제 읽기'는 길게 보고 가주세요.
> - '꼼꼼히 문제 읽는 방법'을 구체적으로 알려주세요.
> - '문제를 꼼꼼히 읽으려는 마음'을 갖게 해주세요.

상담 3 아이가 서술형 문제에 답 쓰는 걸 어려워해요. 어떻게 하면 좀 더 쉽게 알려줄 수 있을까요?

서술형 문제에 답을 쓰는 연습도 '문제 꼼꼼히 읽기'와 마찬가지로 길게 보고 해결해 가야 합니다. 초등 1학년 혹은 그 이전 연령대 아이와 처음부터 힘 빼는 건 좋지 않습니다. 처음에는 서술형 문제에 답을 어떻게 적을지 아이에게 물어보고, 부모님이 문장으로 답하는 것을 보여주세요. 내가 하고 싶은 말을 문장으로 어떻게 표현할 수 있는지 익히는 단계입니다.

부모님이 서술형 문제에 답변하는 시범을 보이다가 조금씩 아이가 쓸 몫을 주세요. "처음 문장을 어떻게 쓸까?", "이 다음엔 뭐라고 쓸까?" 이런 식으로 물어볼 수도 있겠죠. 저는 아이와 모범 답안지를 같이 읽어보기도 했습니다. 가장 깔끔하게 잘 적은 답안이기 때문입니다. 이런 답안을 아이와 함께 읽으면서 서술형 문제에 답을 어떻게 다는지 익힐 수 있게 도와준 거죠.

분명한 건 초등 1학년 아이가 서술형 문제에 답을 명확하게 하기란 쉬운 일이 아니라는 것입니다. 그래도 아이가 노력하고 있다면 그 점을 인정해주고, 쓴 답이 맞고 틀린 것에 집중하기보다 '어떻게 하면 우리 아이가 서술형 문제에 답을 지금보다 더 잘 쓸 수 있을까?'에 집중해서 도와주세요.

🔍 요약

- '서술형 문제 쓰기'는 길게 보고 가주세요.
- 부모님이 먼저 '서술형 문제에 답을 쓰는 방법'을 아이에게 보여주세요.
- 아이에게 "어떻게 쓸까?"라고 물어보세요(필요에 따라 모범답안을 같이 읽어봐도 좋아요).
- '어떻게 하면 우리 아이가 서술형 문제에 답을 지금보다 더 잘 쓸 수 있을까?'에 집중해서 도와주세요.

상담 4 **연산 연습을 많이 해야 한다고 해서 아이와 연산 교재를 풀고 있어요. 그런데 아이가 연산 교재를 시작하려고 하면 계속 딴짓을 하며 안 하려고 해요. 학습 자체를 시작하기까지 시간이 오래 걸리다 보니 답답할 때가 있어요. 어떻게 해야 할까요?**

9까지의 수 범위에서 '모으기와 가르기'를 할 때 시간이 얼마나 걸리는지 체크해주세요. '모으기와 가르기'가 자동적으로 돼야 연산도 쉽게 할 수 있거든요. 구구단 외우듯이 아이가 즉각 답하지 못한다면 9까지의 수 범위에서 수의 합성과 분해가 자동적으로 될 때까지 '모으기와 가르기'를 꾸준히 연습해주는 것이 좋아요. 수의 합성과 분해가 자동적으로 되지 않으면, 덧셈과 뺄셈을 일일이 생각해서 풀어야 하는데, 그러면 지금 푸는 연산 문제가 버겁게 느껴질 것입니다.

아이가 오답 없이 문제를 풀더라도 연산 원리를 잘 이해하고 있는지 확인해주세요. 아이가 연산 원리를 제대로 이해하지 못한 상태로 더 어려운 연산 문제를 접하게 되면 지금보다 더욱 하기 싫어할 수 있습니다.

반대로 아이가 연산 문제를 너무 쉽다고 생각해서 풀지 않으려고 할 수도 있습니다. 쉬운 문제는 아이에게 자신감을 줄 수 있으나, '이미 아는 건데 또 풀어야 하나?'라는 생각을 갖게 할 수도 있습니다. 연산 문제가 아이의 수준에 적절한지 점검해주세요.

요약

- 모으기와 가르기를 자동적으로 할 수 있는지 확인해보세요.
- 덧셈과 뺄셈을 일일이 생각하면서 풀 경우 아이가 버거울 수 있어요.
- 아이가 덧셈, 뺄셈 연산 원리를 제대로 이해했는지 확인해보세요.

상담5 아이가 수학 학습을 너무 싫어해요. 그렇다 보니 수학 학습을 할 때 태도도 좋지 않습니다. 제가 도와줄 수 있는 방법이 없을까요?

먼저 지금 하고 있는 수학 학습이 아이 수준에 적절한지 점검해주세요. 초등 1학년 수준의 학습을 하고 있더라도 아이 수준에 맞지 않는 학습일 수 있습니다. 수학 개념이 명확하게 서지 않은 상태에서 문제 풀이를 강조하고 있는 건 아닌지 확인해볼 필요도 있습니다. 수학은 추상적인 내용을 다루는 교과이기에 개념을 대충 다루고 문제 풀이로 들어갈 경우, 아이가 어려워할 가능성이 높습니다.

아이 수준에 비해 어려운 학습을 계속 진행해왔다면, 수학에 대한 자신감이 떨어져 있을 것입니다. 아이 수준에 비해 어려운 문제를 푸는 시간을 줄이고, '나는 수학 문제를 충분히 풀 수 있어!'라고 생각할 수 있는 학습을 제공해주세요.

수학을 재미있게 느낄 수 있는 놀이 시간, 활동 시간을 가지세요. "지금 우리는 놀이를 통해 수학을 배울 거야!"라고 이야기할 필요는 없습니다. 놀이를 통해 수학 개념과 원리를 자연스럽게 익힐 수 있게 해주세요. 아이가 흥미를 갖고 있는 소재로 수학 활동을 해도 좋습니다. 예를 들어, 요리를 하며 수 세기, 측정하기, 시간 말하기 등 수학과 관련된 활동을 자연스럽게 할 수 있습니다. 축구를 하며 골을 몇 번 넣었는지 수를 세고, 점수 차이는 얼마나 나는지 계산하고, 축구 전반전과 후반전 시간이 몇 분이었는지 생각해볼 수도 있습니다.

수학에 대한 긍정적으로 인식할 수 있는 말을 해주세요. 부모님이 먼저 "나는 수학을 싫어해!", "○○이는 수학을 못하나봐!"라는 말을 하지 말아야 합니다. 수학 실력은 성장할 수 있다고 말을 해주세요.

🔍 요약

- 현재 수학 학습 수준이 아이 수준에 적절한지 확인해주세요.
- 수학에 자신감을 가질 수 있는 전략을 사용해주세요.
- 수학을 재미있게 느낄 수 있는 놀이, 활동 시간을 가지세요.
- 수학에 대한 긍정적인 인식과 태도를 가질 수 있는 말을 해주세요.

수학 학습 성장을 위한 활동

'수 개념' 이해를 어려워한다면?	
9까지의 수 개념 익히기	관련 영역: 수와 연산

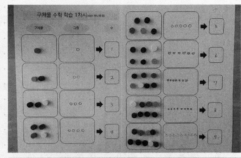

활동 목표	★ 수를 세고, 읽고, 쓸 수 있어요.
활동 방법	1. 1부터 9까지의 수만큼 구체물을 놓거나 그림을 그려요. 2. 구체물이나 그림으로 표현한 양을 수로 나타내요.
활동 팁!	1. 아이가 좋아하는 구체물로 하면 더 재미있어요. 2. 활동 후 주변에서 9까지의 수를 찾아보세요.

수 감각을 길러주고 싶다면? 덧셈, 뺄셈을 어려워한다면?	
모으기와 가르기 하기	관련 영역: 수와 연산

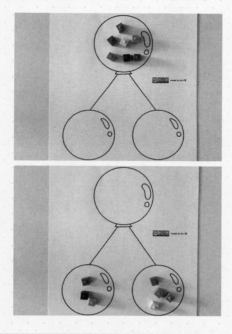

활동 목표	★ 주어진 수를 이용해서 모으기, 가르기를 할 수 있어요.
활동 방법	1. 모으기와 가르기 판을 준비해요. 2. 구체물을 이용해서 모으기, 가르기를 해요. 3. 모으기, 가르기를 한 구체물의 양을 '수'로 말해요.
활동 팁!	구체물로 활동한 것이 '수'까지 연결될 수 있게 3번 과정을 꼭 해주세요. 만약 '수'로 연결이 잘 안 된다면, '수 개념 익히기' 활동을 통해 수 개념이 좀 더 명확하게 설 수 있게 해주세요. '모으기와 가르기'는 수와 연산 영역에서 기초가 되는 활동이므로 많이 할수록 좋아요.

10의 개념, 10의 보수를 더 정확히 이해할 필요가 있다면?

10의 보수 익히기	관련 영역: 수와 연산

활동 목표	★ 10의 보수(짝꿍)를 익혀요.
활동 방법	1. 주사위를 굴려요. 2. 주사위에 나온 수와 더해서 10이 되게 구체물을 놓아요.
활동 팁!	1. 주사위에 나온 수와 구체물의 수를 수 카드로 표현하거나, 아이가 직접 수로 쓰게 해보세요. 더욱 시각적으로 10의 보수가 잘 보일 거예요. 2. 부모님이 수를 말하면 10의 보수를 바로 말할 수 있을 정도로 익혀야 해요. 10의 보수를 즉각 찾을 수 있어야 연산에 어려움이 없답니다.

	10개 묶음과 낱개를 헷갈려 한다면?
자릿값 이해하기	관련 영역: 수와 연산

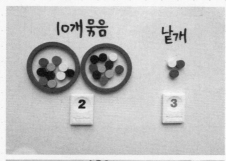

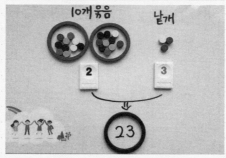

활동 목표	★ 두 자리의 수를 10개 묶음과 낱개로 나타내며 자릿값을 이해해요.
활동 방법	1. 두 자리의 수만큼 구체물을 놓아요. 2. 구체물을 10개씩 묶어 세요. 묶고 남은 나머지는 낱개로 놓아요. 3. 10개 묶음이 몇 개인지 낱개가 몇 개인지 확인해요. 4. 두 자리의 수에서 각 자릿값이 가진 의미를 말해요.
활동 팁!	23은 10개 묶음이 2개, 낱개가 3개인 수예요. 여기서 2는 2가 아닌 20의 의미를 가지죠. 구체물로 충분히 활동하면서 자릿값에 대해 정확히 이해할 수 있게 도와주세요. 자릿값에 대한 이해는 연산에 대한 이해로 이어지니까요.

구체물로 입체도형 익히기	관련 영역: 도형

활동 목표	★ 구체물 활동을 통해 입체도형에 대한 이해를 높여요.
활동 방법	1. 집에 있는 구체물(물건, 블록 등)을 이용해서 만들고 싶은 모양을 만들어요. 2. 사용한 구체물들을 같은 모양끼리 분류해요. 3. 각 모양들의 특징을 말해요.
활동 팁!	1. 육면체, 원기둥, 구 모양의 구체물을 모아둔 모양 상자를 만들어서 관찰하는 활동을 꾸준히 해줄 수도 있어요. 2. '쓰기' 공부가 목적이 아니므로 아이가 찾은 모양의 특징을 부모님이 직접 써줘도 괜찮아요.

입체도형의 일부분인 평면도형을 경험하게 해주고 싶다면?	
구체물로 도장 찍기	관련 영역: 도형

활동 목표	★ 입체도형의 일부분인 평면도형을 직관적으로 경험하며, 평면도형 모양에 대해 이해해요.
활동 방법	1. 원, 삼각형, 사각형(평면도형) 모양을 찾을 수 있는 구체물(입체도형)을 준비해요. 2. 구체물에 물감을 묻혀 종이에 찍어요. 3. 어떤 모양이 나오는지 말해요.
활동 팁!	입체도형의 일부분이 평면도형이라는 사실을 이해하는 건 쉽지 않아요. 입체도형의 일부분을 관찰하는 활동, 입체도형의 일부분을 종이에 대고 그리거나 물감을 묻혀 찍는 활동 등을 통해 직관적으로 경험하는 것에서부터 시작해요.

아이가 비교하는 말을 헷갈려 한다면?

'비교하는 말' 보드판 활용하기	관련 영역: 측정

활동 목표	★ 상황에 알맞은 비교하는 말을 할 수 있어요.
활동 방법	1. 종이에 비교하는 말을 할 때 사용하는 용어를 적어서 보드 판에 붙여요. 2. 구체물을 비교하는 상황을 제시해요. 3. '비교하는 말' 보드 판을 보고 적절한 용어를 선택해서 비교하는 말을 해요.
활동 팁!	보드 판을 보고 비교하는 말을 잘한다면 보드 판을 보지 않고 말하기에 도전하게 해주세요.

아이와 집에서 즐겁게 할 수 있는 시간 관련 활동을 찾는다면?	
시계와 시간표 만들기	관련 영역: 측정

활동 목표	★ 시계와 시간표를 만드는 활동을 통해 시각과 시간에 대한 관심을 높여요.
활동 방법	1. 도화지에 집에 있는 다양한 도구, 재료들을 이용해서 시계를 만들어요. 2. 시간대별로 어떤 활동을 할지 이야기를 나누어요. 3. 나눈 내용을 바탕으로 접착 메모지에 활동을 적은 후 만든 시계 옆에 붙여요.
활동 팁!	1. 저는 오후 시간표를 만들었지만, 오전 시간표나 하루 전체 시간표를 만들 수도 있어요. 2. 시계와 시간표를 만들 때 "몇 시부터 몇 시까지 무슨 활동을 할 거예요."라는 이야기를 나누며, 시계에 시침과 분침을 표시하는 활동을 한다면 시각과 시간 개념을 세우는 데 도움이 될 거예요.

3장

아이의 학습 성장에
꼭 필요한
좋은 습관과 바른 인성

"학교에 지각하지 말아요. 시간 약속을 잘 지켜요."

"수업 끝난 후엔 책상을 스스로 정리정돈해요."

"친구를 배려하는 마음을 가져요. 자기만 생각하고 행동하면 안 돼요."

초등학교 교실에서 선생님들이 끊임없이 아이들에게 하는 말입니다. 초등 1학년이 되면 이렇게 학교에서 자기 스스로 해야 할 일이 많습니다. 부모님이 집에서 알아서 척척 해주던 일이 이제부터는 아이의 습관으로 자리 잡아야만 합니다. 평생을 가져갈 좋은 습관과 인성을 형성할 수 있는 최적의 시기가 바로 초등학교 1학년입니다.

생활 습관, 학습 습관, 인성은 아이의 학습 성장에 커다란 영향을 줍니다. 초등학교 교육 목표는 아이의 일상생활과 학습에 필요한 습관과 능력을 기르고 바른 인성을 갖추게 하는 데 중점을 둘 정도이니, 좋은 습관과 바른 인성의 중요성은 두말하면 입 아플 정도입니다.

초등학교 교육 목표에 좋은 습관과 바른 인성에 대해 언급했다는 건 학교에서도 실제로 이 부분을 중점적으로 지도한다는 걸 의미합니다. 하지만 안타깝게도 학교 교육만으로 아이의 좋은 습관과 바른 인성을 갖추는 데는 한계가 있습니다. 아무리 학교에서 교육을 한다고 해도, 가정에서 일관성 있는 교육이 이뤄지지 않는다면 아이가 달라지기 어렵기 때문입니다. 만약 학교와 가정의 교육 방향이 서로 다르다면 아이는 사회에 대한 불신만 생길 수도 있습니다.

아이에게 좋은 습관과 바른 인성을 갖추게 하려면 학교와 가정이 서로 일관성 있는 교육을 해야 합니다. 학교에서 "건강에 좋은 음식을 먹자."라고 지도한다면 가정에서도 '건강에 좋은 음식을 아이에게 권하는 환경'을 조성해줘야 합니다. 아무리 학교에서 "건강에 좋은 음식을 먹자."라고 이야기해도 가정에서 인스턴트 음식과 같은 건강에 나쁜 음식을 아무렇지 않게 아이에게 준다면, 아이에게 좋은 습관을 길러주기 어렵습니다.

그렇다면 좋은 습관과 바른 인성이 우리 아이의 학습 성장에 어떤 영향을 줄까요? 그리고 이것을 아이가 잘 갖출 수 있게 어떻게 도와줄 수 있을까요? 이 점을 좀 더 자세히 살펴보겠습니다.

바른 습관과 인성을 키울 수 있는 방법

1. 좋은 습관

좋은 습관이란?

습관은 사람이 의식하지 않고 하는 반복적으로 하는 행위를 의미합니다. 무의식중에 저절로 하게 되는 행위가 있을 때 "○○하는 습관이 있다."라고 말합니다. 손톱을 깨무는 습관이 있는 사람은 '손톱 깨물기'라는 행동을 의식적으로 하는 것이 아닙니다. 나도 모르는 사이에 손톱을 깨무는 행동을 반복한다면 그건 습관입니다.

"세 살 버릇이 여든까지 간다."는 속담이 말해주듯이 아이가 어릴 때부터 좋은 습관을 기를 수 있게 도와줘야 합니다. 어렸을 때 아이의 습관은 크면서까지 영향을 줍니다. 정리정돈 습관을 갖춘 아이는 학년이 올라가도 정리정돈을 잘할 가능성이 높습니다. 약속 시간을 잘 지키는 습관을 갖춘 아이는 학년이 올라가도 약속 시간을 잘 지킬 가능성이 높습니다. 정리정돈을 잘 못하던 아이가 학년이 올라갔다고 갑자기 정리정돈을 잘하게 되지는 않습니다. 오히려 학년이 올라가면 올라갈수록 습관을 다시 잡아주기가 힘들죠.

학습 성장을 위해 우리 아이가 갖춰야 할 습관

초등 1학년 시기에는 아이가 기본 생활 습관과 학습 습관을 잘 갖출 수 있게 도와줘야 합니다. 기본 생활 습관은 아이가 살아가기 위해 갖춰야 할 행동이 습관화된 걸 말합니다. 아이는 세상에서 생존하기 위해, 사회에서 다른 사람들과 관계를 잘 맺으며 살아가기 위해 필요한 행동을 습관화해야 합니다. 기본 생활 습관은 초등학교에 입학하기 전부터 잘 갖출 수 있게 해야 합니다. 실제로 유치원이나 어린이집에서 기본 생활 습관 지도가 이뤄지고 있으며, 누리과정에도 기본 생활 습관에 대한 내용을 언급하고 있습니다.

학습 습관은 아이가 학습하는 과정에서 하는 행동이 습관화된 것입니다. 학습을 할 때 필요한 행동이 있습니다. 아이가 앞으로 학습을 잘 해나가기 위해 이런 행동을 무의식중에도 할 수 있게 해야 합니다. 학습 습관은 좋은 방향으로만 생기지 않습니다. 주변의 적절한 도움이 없다면, 나쁜 학습 습관이 형성될 수 있습니다. 학습을 마치고 공부한 책을 정리하지 않는다든지, 모르는 문제를 그냥 넘어가려고 한다든지 하는 것도 습관화될 수 있는 것입니다.

그렇다면 초등 1학년 시기에 어떤 기본 생활 습관과 학습 습관을 갖춰야 할까요? 누리과정과 초등학교 교육과정을 토대로 이 시기에 갖춰야 할 기본 생활 습관과 학습 습관을 살펴보겠습니다.

① 초등 1학년 시기 갖추어야 할 기본 생활 습관

위생, 청결	• 손 씻기, 이 닦기 • 정리정돈하기 • 자신의 몸과 주변을 깨끗하게 관리하기
건강	• 몸에 좋은 음식 먹기 • 적당한 휴식 취하기 • 질병을 예방하는 방법을 알고 실천하기 • 바른 자세로 미디어를 사용하기
안전	• 위험한 장소, 상황, 도구를 알기 • 안전하게 생활하는 방법을 알고 실천하기 • 안전하게 놀이하는 방법을 알고 실천하기 • 미디어를 바르게 사용하기
자율성	• 자기 자신을 소중하게 생각하기 • 자신이 할 수 있는 일을 스스로 하기 • 자신의 감정을 알기
다른 사람과의 관계, 예절	• 자신의 감정을 적절한 방법으로 표현하기 • 다른 사람들의 감정을 알고 존중하기 • 친구와 사이좋게 지내기 • 다른 사람과의 갈등을 적절한 방법으로 해결하기 • 가족, 친척, 친구 등 주변 사람들에게 예의 바르게 행동하기

의사소통, 대화	• 바른 태도로 듣고 말하기 • 다른 사람 이야기를 경청하기 • 상황에 적절한 말하기 • 바른 말, 고운 말을 사용하기
규칙, 질서	• 약속을 지키기 • 일상생활에서 규칙을 지키기 • 학교, 학급 규칙을 지키기 • 규칙적인 생활하기(일찍 자고 일찍 일어나기 등)
생명 존중, 자연 보호	• 주변 동식물에 관심 가지기 • 생명을 존중하기 • 자연환경을 소중하게 생각하고 환경 보호 활동 실천하기

② 초등 1학년 시기 갖추어야 할 학습 습관

학습 태도	• 집중해서 공부하기 • 선생님, 부모님, 다른 사람 이야기를 경청하기 • 스스로 공부하려는 마음 갖고 실천하기 • 숙제, 해야 할 공부를 끝까지 하기 • 숙제, 준비물을 챙기기 • 정해진 자리에서 공부하기 • 주어진 시간 내에 해야 할 공부, 학습 과제하기 • 학습 중 부정적 감정을 조절하기
학습 방법	• 책을 이해하면서 읽기 • 모르는 것이 있을 때 도움 요청하기, 책 찾아보기 • 틀린 문제에 대처하는 방법 알고 실천하기(다시 문제 풀어보기, 관련된 책 찾아보기, 복습하기 등) • 새로운 낱말이 나왔을 때 어떻게 해야 하는지 알기(문맥으로 추측하기, 사전 찾기 등) • 글씨를 바르게 쓰기
학습 환경	• 학습 전, 준비하기 • 학습 후, 정리정돈하기 • 필요한 교재, 학습 자료가 있으면 말하기 • 학습 시간과 여가 시간의 균형을 맞추기(우선순위를 정하기)

좋은 습관과 학습 성장

좋은 습관은 아이의 학습 성장을 위한 필수 조건입니다. 학습을 지식적인 측면에서만 바라보면 좋은 습관이 왜 아이의 학습 성장을 위한 필수 조건인지 이해되지 않습니다. 하지만 학습에 필요한 요소에 지식만 있는 것이 아닙니다. 아이의 학습은 아이의 상황, 태도, 마음가짐, 평소에 하는 행동 등을 종합적으로 고려해 바라봐야 합니다. 좋은 습관이 아이의 학습 성장에 어떤 영향을 주는지 몇 가지 사례를 살펴볼게요.

① 학교 규칙을 잘 지키는 아이

학교 규칙을 잘 지키는 습관이 형성된 아이는 학교에서 선생님, 친구들에게 인정을 받습니다. 그리고 학교에서 다른 사람의 인정을 받는 긍정적인 경험을 한 아이는 학교에 좀 더 쉽게 적응합니다. 수업 시간에 이뤄지는 학습에도 적극적으로 참여합니다.

② 정리정돈을 잘하는 아이

정리정돈을 잘하는 습관이 형성된 아이는 학교에서든 가정에서든 정리정돈을 잘합니다. 선생님과 친구들에게 단정한 인상을 줄 수 있겠죠. 또, 정리정돈이 잘된 환경은 아이가 학습에 집중할 수 있게 해줍니다.

③ 다른 사람의 이야기를 경청하는 아이

다른 사람의 이야기를 경청하는 습관이 형성된 아이는 학교에서 선생님과 친구들의 이야기를 귀 기울여 듣습니다. 선생님의 이야기를 귀 기울여 들으면서 '지금 내가 ○○을 해야 하는구나!', '내일까지 ○○를 갖고 와야 하는구나!' 하면서 스스로 학습에 필요한 걸 잘 챙깁니다. 그리고 친구의 이야기를 귀 기울여 들으면서 긍정적 친구 관계도 맺게 됩니다. 자기 이야기를 귀 기울여 들어주는 친구를 싫어하는 아이는 없습니다. 긍정적 친구 관계는 아이에게 자신감, 자신에 대한 만족감을 심어주고, 학교생활에 대한 즐거움을 느낄 수 있게 해줍니다.

④ 학습법을 익힌 아이

학습법을 익혀 습관화한 아이는 효과적으로 공부하는 방법을 압니다. 책을 이해하면서 읽으려는 습관, 모르는 문제를 만났을 때 적절히 대처하는 습관, 글씨를 바르게 쓰는 습관 등은 효과적인 학습으로 바로 연결됩니다. 책을 대충 읽는 습관, 모르는 문제를 제대로 이해하지 않고 넘어가는 습관, 글씨를 엉망으로 쓰는 습관 등은 수준 높은 지식과 기능을 요구하는 학습을 할 때 어려움을 겪게 합니다.

⑤ 집중해서 공부하는 아이

아이가 집중해서 공부하는 습관을 갖춘다면 정해진 학습 시간 내에 효율적으로 공부할 수 있습니다. 학교 수업에도 집중하는 모습을 보이며 선생님과 친구들의 인정을 받기도 하죠. 집중해서 공부하지 못하는 아이는 문제를 제대로 읽지 않아서 틀리고, 주어진 글을 제대로 읽지 않기에 공부해야 할 내용을 이해하는 데 어려움을 겪습니다.

학년이 올라갈수록 학습에 집중해야 하는 시간이 길어집니다. 초등 1학년 때부터 공부에 집중하는 습관을 갖춘 아이는 '집중 시간'을 점차 늘려나감으로써 오랜 시간 집중해서 공부하는 게 가능해집니다.

⑥ 학습 과제를 정성껏 하는 아이

주어진 일을 정성껏 하는 습관을 갖춘 아이는 완성도 높은 결과물을 낼 가능성이 높습니다. 문제를 정성껏 풀수록 틀릴 가능성이 적고, 학습 과제를 정성껏 할수록 좋은 과제물이 나올 것입니다. 최근 학교에서 하는 평가는 '결과'와 함께 '과정'을 평가합니다. 주어진 평가 과제를 정성껏 수행하는 아이는 그 과정에서 좋은 평가를 받을 수 있습니다. 대충 하는 습관을 가진 아이는 과제를 수행하는 과정에서 실수를 하거나 자신의 능력에 비해 안 좋은 결과물을 낼 가능성이 높습니다.

학년이 올라갈수록 아이가 해야 하는 학습 과제의 수준은 높아집니다. 지금부터 학습 과제를 정성껏 하는 습관을 갖춘 아이는 더 높은 수준의 과제들도 정성껏 할 수 있습니다.

좋은 습관을 잘 갖출 수 있게 돕는 방법

유아기를 잘 보낸 아이라면 기본 생활 습관은 이미 어느 정도 형성돼 있을 것입니다. 어린이집이나 유치원에서 아이에게 기본 생활 습관을 지도하고 있고, 가정에서도 일상생활 속에서 자연스럽게 익힐 수 있기 때문입니다. 하지만 이 말은 유아기에 아이의 일상생활 습관에 신경을 쓰지 않았다면 좋은 습관이 제대로 형성되지 않았을 것이라는 말이기도 합니다. 게다가 아이가 어떻게 생활했느냐에 따라 이미 좋지 않은 습관이 형성되었을 수도 있다는 것이죠. 만약 아이가 좋지 않은 습관을 가지고 있다면 하루라도 일찍 좋은 습관으로 바꿔주려는 노력이 필요합니다. 습관은 아이가 크면 클수록 고치기 어려우니까요.

① 우리 아이 현재 습관 인정하기

'우리 아이의 습관을 파악하는 것'이 아이가 좋은 습관을 갖게 하기 위한 첫 시작입니다. 좋은 습관과 나쁜 습관을 구별해 좋은 습관은 계속 유지하고, 나쁜 습관은 제거해야 합니다. 아이의 일상생활, 학습 과정을 관찰하면서 어떤 습관이 있는지 찾아보세요.

② 성공의 경험을 쌓아주기

습관을 기르는 것도 교과 학습과 마찬가지로 성공의 경험을 쌓게 해주는 것이 중요합니다. 처음부터 너무 높게 목표를 잡으면, 아이가 좌절하고 포기하기 쉽습니다. 집중해서 공부하는 습관을 아이가 아직 갖추지 않았다면, 현재 집중하는 시간을 체크해 그 시간으로 매일 도전해봅니다. 이 시간에 아이가 익숙해지면 점차 시간을 늘려나갑니다. 성공의 경험을 쌓음으로써 자신감을 키우고, 자기 자신을 긍정적으로 바라보는 눈이 생기면 더 높은 단계에 도전할 마음이 생깁니다.

③ 본보기 보이기

부모님이 먼저 좋은 습관을 갖추고 생활하는 모습을 보여줘야 합니다. 정리하는 습관, 일의 우선순위를 정해서 해야 할 일부터 하는 습관, 스마트폰은 필요할 때만 하는 습관 등 부모님이 먼저 모범을 보여주세요. 아이는 부모님을 보고 배웁니다.

④ 구체적으로 알려주기

아이가 갖추어야 할 기본 생활 습관, 학습 습관에 대해 구체적으로 알려줍니다. 아이에게 "집중해서 공부해라!"라고 말하기는 쉽습니다. 하지만 아직 아이는 '집중해서 공부하는 것'이 어떤 행동인지 정확히 모릅니다. 집중해서 공부한다는 것이 공부하는 중간에 다른 책이나 물건을 보지 않고, 정해진 시간 동안 지금 하는 일을 정성껏 하는 것임을 알려줘야 합니다. 정리정돈은 어떻게 하는지, 약속 시간을 지키려면 어떻게 해야 하는지 등 구체적인 방법을 알려주세요. 직접 시범을 보이거나 아이와 함께 하나하나 차근차근 해볼 수도 있습니다.

⑤ 좋은 습관을 갖춘 사람 찾아보기

좋은 습관을 갖춘 사람을 찾아서 '좋은 습관'에 초점을 두고 이야기를 나눕니다. 아이와 가까운 인물이거나 존경하는 인물이면 더 좋습니다. 어떤 습관을 갖추었기에 성공할 수 있었는지, 좋은 습관이 삶에 어떤 영향을 주었는지 아이와 이야기를 나누는 시간을 가져보세요.

책을 읽고 나서, 습관에 대한 이야기를 나눌 수도 있습니다. 책에 나온 등장인물에게 어떤 좋은 습관이 있는지, 그 습관이 어떤 영향을 주었는지, 반대로 나쁜 습관은 어떤 영향을 주었는지 이야기를 나누고, 이를 아이의 생활에 적용할 수 있게 합니다.

⑥ 보상하기

아이가 좋은 습관을 갖추기 위해 노력한 것에 대한 보상을 제공합니다. 아이와 고쳐야 할 습관을 정하고 이를 위해 노력한 날에 스티커를 준 후 스티커를 일정 정도 모으면 보상을 해줍니다. 단, 보상이 아닌 좋은 습관을 갖추는 것이 우선이 되게 주의해야 합니다.

⑦ 좋은 습관을 가지려는 마음 갖게 하기

좋은 습관은 좋은 영향을 준다는 걸 아이가 스스로 느낄 수 있게 해주세요. "공부하기 전에 책상 위를 정리정돈을 해놓으니 더 공부가 잘되는구나!", "○○이가 주변 정리를 잘해놓으니깐 집이 참 깨끗하구나! 집이 환해졌는데!", "○○이가 집중해서 공부하니 집중하지 못할 때보다 더 실력 발휘를 한 것 같은데!"와 같이 구체적으로 이야기해줌으로써 아이 스스로 좋은 습관이 자신에게 어떻게 좋은지 깨닫게 합니다.

습관은 하루아침에 길러지는 것이 아니기에, 꾸준함과 지속성이 있어야 합니다. 무언가를 꾸준하게 한다는 건 쉬운 일이 아니죠. 아이에게 좋은 습관을 길러주는 과정에서 부모님 역시 좋은 습관 기르기에 도전해도 좋겠습니다. '정해진 시간에 책 읽기', '정해진 시간만 미디어 사용하기', '약속 시간 지키기', '해야 할 일 먼저 하기' 등 아이의 좋은 습관 만들기에 함께하면 부모님도 좋은 습관을 갖출 수 있고, 더 성숙하고 품위 있는 삶을 살 수 있을 것입니다.

어릴 때부터 좋은 습관을 갖출 수 있게 노력할 필요가 있습니다. 좋은 습관은 아이가 어릴수록 만들어주기 쉽습니다. 좋은 습관은 초등 입학 후 아이의 학습과 학교생활에 영향을 줍니다.

• 체크리스트 만들기
아이가 갖추어야 할 좋은 습관에 어떤 것이 있는지 아이와 함께 이야기하고, 체크리스트를 만들어서 해야 할 일을 한 후 스스로 체크하게 해보세요. 너무 많은 일을 제시할 경우 아이가 힘들어할 수 있으므로, 아이 발달 단계와 수준을 고려해서 아이가 해야 할 일을 오전, 오후, 저녁으로 나눈 후 과하지 않게 제시합니다.

• 학습 습관 갖추기
학습 습관을 갖추기 위한 노력을 시작해보세요. 아이가 갖춰야 할 학습 습관에는 여러 가지가 있지만, 그중에서 정해진 시간 동안 주어진 학습 과제를 하는 습관을 길러주는 것부터 시작합니다. 아직 본격적인 학습을 경험해보지 않은, 학습 습관이 제대로 갖춰지지 않은 아이에게 굉장히 힘든 일이며 큰 도전이죠. 그래서 아이에게 적당한 공부 시간이 어느 정도인지 관찰을 통해 파악한 후, 그 시간만큼만 학습하는 시간으로 사용해야 합니다.
습관 기르기는 인내심과의 싸움입니다. 중간에 포기하지 않고 꾸준히 가는 것이 중요하죠. 그래서 짧은 시간이라도 매일 정해진 시간에 학습할 수 있게 하고, 아이가 큰 도전을 한다는 걸 고려해 이에 적절한 보상을 제공하면 좋습니다. 이렇게 하면 정해진 시간 동안 주어진 과제를 하는 습관이 형성됩니다. 목표로 했던 습관이 형성되었으니 끝이라고 생각하지 않고, 목표 시간을 조금씩 늘림으로써 좀 더 오랜 시간 학습을 할 수 있는 역량을 갖춰주세요.

• 시간 관리 습관 기르기

아이가 시간을 잘 활용할 수 있는 습관을 기르게 합니다. 정해진 시간 동안 집중해서 공부하고, 나머지 시간은 아이가 원하는 활동(자신이나 타인에게 피해가 가지 않는 선에서)을 할 수 있게 해보세요.

좋은 학습 습관은 아이의 신체·정서 상태와 함께 가기 때문입니다. 피로하지 않고 정서적으로 안정될 때 더욱 집중해서 공부하는 힘이 생기며, 더 좋은 학습 습관으로 연결됩니다. 그래서 공부할 땐 공부하고, 놀 땐 노는 습관을 갖춰주면 좋습니다. 이런 습관은 장기적으로 봤을 때 아이의 학습 성장에 큰 도움이 됩니다.

• 스트레스 관리 습관 기르기

아이가 공부를 하다 보면 스트레스는 쌓이기 마련이죠. 그래서 아이가 스트레스를 건전하고 건강하게 해소할 수 있는 방법을 찾을 수 있게 해야 합니다. 이를 위해 학습을 강조하지 않는 재미를 위한 책 읽기, 악기 연주하기, 운동 등 아이가 즐겁게 할 수 있는 활동을 하게 합니다. 초등 1학년 때부터 공부하지 않는 나머지 시간에 아이가 취미, 여가 생활로 하기 좋은 활동을 많이 경험하게 함으로써 스트레스를 스스로 잘 다스릴 수 있는 습관을 갖게 하는 것입니다.

2. 바른 인성

인성 교육은 매우 중요합니다. 어디서나 강조하고, 또 강조하는 것이 인성 교육이죠. 하지만 여기서 한 가지 짚고 넘어가야 할 것이 있습니다. 인성 교육의 시작은 '가정'이라는 것입니다.

인성 교육은 가정에서부터 시작되며, 아이가 태어나면서부터 길러집니다. 가정에서 이뤄진 인성 교육은 학교에 오면서 사회관계 속에서 갖추어야 할 인성 교육으로 이어지죠. 가정에서 길러진 기본 인성을 바탕으로 학교에서 친구들, 선생님 등 다양한 사람들을 만나면서 더 확장된 인성 교육이 이뤄집니다. 인성 교육이 학교의 몫이라고만 생각할 경우, 아이의 바른 인성 형성에 도움이 되지 않고, 아이의 학습 성장에도 부정적인 영향을 주게 됩니다.

핵가족화가 된 사회에서는 다양한 성향의 사람들을 만나기 어렵습니다. 그래도 학교에 가면 교실 안에는 다양한 성향의 아이들이 있습니다. 똑같은 상황이라도 아무렇지 않게 넘기는 아이도 있는 반면, 마음에 상처를 입는 아이도 있죠. 앞에 나와서 발표하기를 즐겨 하는 아이가 있는 반면, 자기 자리에 앉아서 발표하기까지 큰 용기가 필요한 아이도 있습니다. 이렇게 다양한 성향의 아이들이 모여 있다 보니 시시때때로 문제가 발생합니다. 서로 다른 아이들이 문제를 해결하는 과정에서 '나와 다른 사람을 어떻게 대해야 하는지'를 알게 되고, 자연스럽게 이때 필요한 인성 덕목을 배우게 됩니다.

학교에 입학하기 전에 '배려'라는 덕목을 가정에서 배우고 들어온 아이는 다른 친구들을 대할 때 배려를 할 수 있습니다. 다른 친구들을 배려하는 아이는 학급 내 친구들에게 인기가 있고, 인정을 받게 됩니다. 이를 통해 아이는 자기 자신을 좀 더 긍정적으로 바라볼 수 있고, 자신감을 가질 수 있죠.

학교에 입학하기 전 바른 인성에 필요한 덕목을 아직 잘 갖추지 못한 상태더라도 학교에서 아이가 교육받는 인성 덕목을 가정에서 연계해 지도해준다면, 효과적인 인성 교육이 가능합니다. 학교에서 친구들과 생활할 때, 배려 덕목이 필요하다는 걸 아이 스스로 느낄 것입니다. 이때 가정에서도 함께 배려 덕목을 강조해 교육하면, 아이가 바른 인성을 갖추는 데 큰 도움을 줄 수 있습니다.

아이가 바른 인성을 갖추는 데는 가정의 역할이 매우 중요합니다. 그렇다면 아이가 갖추어야 할 인성 덕목에 어떤 것이 있는지, 바른 인성이 아이의 학습 성장에 어떤 영향을 주는지, 바른 인성을 갖추게 하려면 어떻게 해야 할지 살펴보겠습니다.

바른 인성을 갖추기 위해 필요한 덕목

인성은 개인의 성품과 성향이지만, 개인 안에서만 맴도는 것이 아닙니다. 바른 인성을 잘 갖춘 아이는 사회관계를 잘 맺을 수 있습니다. 아이는 인간관계를 통해 인성이 다른 사람과의 관계 속에서도 작동하는 것임을 배웁니다. 다시 말해 인성은 개인과 사회 모두에 영향을 주는 존재인 것입니다. 인성은 개인 안에 있는 성품이지만, 다른 사람과 더불어 살아가기 위한 역량이기도 한 것이죠. 따라서 자기 자신을 잘 가꾸는 것에서 시작해 다른 사람과 더불어 살아가는 역량을 갖추는 단계까지 나아갈 수 있게 해야 합니다. 인성교육진흥법에 나온 핵심 덕목과 교육과정에 나온 내용을 바탕으로 아이가 갖추어야 할 인성 덕목을 살펴보면 다음 표와 같습니다.

바른 인성을 갖추기 위해 필요한 덕목

예절, 효	오랜 시간 함께 생활하면서 정해진 관습으로 나라, 문화에 따라 차이가 있습니다. 다른 사람을 존중한다는 의미를 담고 있으며, 원만한 대인관계를 하는 데 필요한 것이 예절입니다. • 가족 간에 예절 지키기 • 친구 사이 예절 지키기 • 어른에게 예절 지키기
정직	마음에 거짓, 꾸밈이 없는 것이 정직입니다. • 왜 정직해야 하는지 알기 • 정직하지 않음이 나와 사회에 어떤 영향을 주는지 생각하기 • 정직하게 행동하려고 노력하기
존중	어떤 대상(사람, 사물, 자연 등)이 존중받을 가치가 있음을 알고, 소중하게 여기는 것이 존중입니다. • 서로 다른 생각에 관심 갖기 • 서로 다른 표현을 존중하기 • 다양한 문화를 존중하기 • 나를 소중히 여기고 존중하기 • 내 감정과 다른 사람의 감정, 생각, 행동을 존중하기 • 가족, 이웃에게 고마운 마음을 갖기
배려	다른 사람에게 관심을 갖고, 다른 사람이 처한 상황에 공감하며, 마음 쓰는 것이 배려입니다. • 문제가 생겼을 때 배려를 통해 해결하기 • 어려움에 처한 사람을 돕기
소통	다른 사람과 함께하는 과정에서 뜻, 의미가 잘 통하는 것이 소통입니다. • 자기 생각, 감정을 적절하게 표현하기 • 바른 자세와 마음으로 소통하기 • 때와 장소, 상황 등을 고려해 소통하기
협동	서로 힘을 합해 돕는 것이 협동입니다. • 다른 사람과 좋은 관계를 형성하기 • 함께 문제를 해결하기 • 함께 주어진 과제를 해결하기
책임	내가 해야 할 일을 알고, 실천에 옮기는 것이 책임입니다. • 내가 해야 할 일에 책임을 다하기 = 내가 해야 할 일 정성껏 하기 • 내가 선택한 결과에 대한 책임감 갖기

바른 인성과 학습 성장

아이의 인성은 다른 사람과의 관계에 영향을 줍니다. 아이가 바른 인성을 갖추어나간다는 건 개인적 성장과 사회적 성장 모두 잘 이뤄지고 있다는 것입니다. 개인적 성장과 사회적 성장이 잘 이뤄지고 있는 아이는 가족, 친구, 선생님 등 여러 사람들과 좋은 관계를 형성하고 유지할 수 있습니다.

다른 사람과의 좋은 관계는 학습에 영향을 줍니다. 학교에서 선생님과 좋은 관계를 형성한 아이는 학교에 다니는 것이 즐겁습니다. 선생님에게 배우는 수업 시간에도 적극적으로 참여합니다. 친구들과 좋은 관계를 형성한 아이는 친구들과 긍정적 경험을 쌓아감으로써, 관계로 인한 스트레스를 덜 받을 수 있습니다. 다른 사람과의 관계로 인한 스트레스는 아이의 학습에 부정적인 영향을 주는데, 다른 사람과 관계를 잘 맺는 아이는 이런 걱정을 줄일 수 있는 것입니다.

최근 사회에서 요구하는 능력 중 하나가 다른 사람과 잘 어울리고 협력하는 능력입니다. 아이가 사회에 나가 하는 일이 혼자서 하는 일만 있지는 않습니다. 아이는 사회에 나가 주어진 목표를 향해 여럿이 함께 협력해야 하는 프로젝트를 많이 접하게 될 것입니다. 여럿이 함께하는 프로젝트를 할 때 소통, 예절, 배려, 책임, 존중 같은 인성 덕목은 큰 장점이 됩니다. 우리 아이가 학교에서, 사회에서 자신의 역할을 잘 해내기를 원한다면 먼저 바른 인성부터 갖출 수 있게 해야 합니다.

우리 아이가 바른 인성을 갖출 수 있게 돕는 방법

① 본보기

바른 인성을 갖춘 사람과 상호작용을 한 경험은 아이에게 그 사람을 본받아야겠다는 생각을 하게 합니다. 가장 좋은 건 부모님이 아이의 본보기가 되는 것이죠. 아이와 가장 가까운 관계에 있으며, 가장 많은 시간을 보내는 사람이기 때문입니다.

부모님이 먼저 부모님을 공경하고, 아이를 존중하며, 주변 사람들을 배려하는 모습을 보이면 아이는 그 모습을 보고 자연스럽게 그런 덕목에 대해 배우게 됩니다. 각각의 덕목이 어떤 의미를 갖는지 명확히 말하지는 못해도 마음가짐과 행동을 자연스럽게 배울 수 있습니다. 부모님이 아이를 존중하고 배려하며 상호작용하면 아이도 친구, 선생님 등 다른 사람들을 만났을 때 존중하고 배려하며 상호작용할 수 있습니다. 존중과 배려를 받아본 아이는 그걸 다시 다른 사람에게 줄 수 있다는 사실을 기억하세요.

② 문제 해결하기

서로 다른 성향, 생각을 가진 사람들 사이에서 '문제와 갈등'이 생기는 건 당연합니다. 아무리 집에서 인성 교육을 신경 써서 했다고 하더라도 밖에서 만나는 친구 관계에서는 뜻대로 잘 안 될 때가 있죠. 서로 잘 알고 있는 가족과 달리 친구들은 서로에 대해 가족만큼 잘 아는 건 아니기 때문입니다.

나와 다른 사람과의 관계에서 문제를 해결하는 경험을 갖는 건 중요합니다. 아이들 사이에서 문제가 생겼을 때 부모님이 그 문제에 필요 이상으로 깊게 관여하려고 하는 경우, 아이 스스로 문제를 해결하는 경험을 할 기회를 놓칠 수 있습니다. 물론 아이가 겪는 문제의 경중에 따라 부모님이 개입을 해야 하는 경우가 있습니다. 하지만 아이에게 충분히 문제를 해결할 수 있는 능력이 있음에도 그걸 믿지 못하고 부모님이 나서버리면 아이는 능력을 발휘할 수 없게 됩니다. 이는 자기 자신에 대한 믿음을 키우지 못하게 하는 일이죠. 다른 사람과 지내면서 문제가 생겼을 때 배려, 책임, 소통, 존중, 예절 등의 인성 덕목을 발휘해 바람직하게 해결할 수 있는 경험을 갖게 해야 합니다.

아이의 문제 해결 능력 길러주기

부모님이 문제 상황을 부정적으로 바라보고, 아이가 겪는 문제에 매번 관여하게 될 경우, 아이는 문제 해결 능력을 기를 수 없습니다. 문제 상황에 놓이게 된 것 자체에 자책감을 느낄 수도 있습니다. 생각이 서로 다른 사람들이 함께 지내면서 문제를 피할 수는 없습니다. 아직 자기중심적 사고가 남아 있는 아이들이라면 더욱 그렇겠죠.

부모님이 문제 상황을 실제보다 민감하게 받아들이는 건 아이의 문제 해결 능력을 기르는 데 도움이 되지 않습니다. (다만, 심각한 사안의 경우에는 부모님의 개입이 필요합니다.) 문제 상황은 언제든 생길 수 있으며, 이것을 해결하는 과정을 통해 아이가 문제 해결 능력을 기를 수 있다는 걸 기억하세요.

그렇다면 어떻게 아이의 문제 해결 능력을 길러줄 수 있을까요?

• 문제 파악하기

아이가 겪는 문제를 파악할 수 있게 합니다. '뒤에 앉은 친구가 시끄럽게 해서 불편하다.', '친구가 수업 시간에 먼저 말을 걸어서 대답했을 뿐인데 혼이 나서 억울하다.', '나는 더 놀고 싶은데 엄마(아빠)가 계속 공부하라고 해서 슬프다.' 등과 같이 말이죠.

• 문제를 해결할 방법을 가능한 많이 제안하기

아이가 해결책을 제안합니다. 이때 한 가지 방법만 제시하지 않습니다. 가능한 많은 해결책을 제시합니다. 해결책의 좋고 나쁨을 평가하지 않습니다. 해결책이 좋고 나쁨을 평가하는 순간, 아이가 자기 생각을 말하기 어려워집니다.

• 해결책을 사용했을 때 결과 예상하기

아이가 제안한 해결책을 사용했을 때 어떻게 될지 이야기를 나눕니다. 각 해결책을 사용했을 때 좋은 점과 안 좋은 점이 있을 것입니다. "이 해결책을 사용하면 어떻게 될까?", "어떤 점이 좋을까?", "어떤 점이 안 좋을까?"라고 물어보세요.

• 해결책 선택하기

해결책을 선택합니다. 이전 단계에서 나눈 이야기를 바탕으로 아이가 스스로 해결책을 선택할 수 있게 합니다. 아이가 선택한 해결책은 생각만큼 효과적이지 않을 수도 있습니다. 이런 경우, '선택한 해결책이 어떤 이유로 효과가 없었는지' 이야기를 나누며, 더 좋은 선택지를 찾아 실천하는 등 문제 해결을 위해 계속 노력하게 합니다.

③ 함께하는 경험 갖기

함께하는 경험을 통해 공동체에서 필요로 하는 인성을 갖게 됩니다. 아이들이 살아갈 미래 시대에 요구되는 역량에 의사소통 역량, 공동체 역량이 있습니다. 이런 역량은 바른 인성을 통해 길러집니다. 다른 사람들과 함께하는 경험을 통해 공감, 배려, 협동, 소통, 존중과 같은 인성 덕목을 갖출 수 있죠.

아이가 다른 사람과 함께하는 경험을 하기 쉬운 곳이 학교입니다. 친구들과 서로 생각을 나누며 공동 목표를 향해 나아가기도 하고, 함께 놀이를 하기도 합니다. 아이들은 함께 생활하는 가운데 서로 생각이 달라서 문제가 생기기도 합니다. 특히 초등 1학년은 자기중심적 사고가 아직 남아 있는 시기이기에 다른 사람을 배려하고 존중하는 것이 쉽지 않죠. 그래서 다른 친구들과 의견이 부딪치는 일이 자주 생깁니다. 하지만 함께하는 경험을 계속하다 보면, 다른 사람과 어떻게 지내야 하는지 알게 되고 덕목을 실천에 옮길 수 있습니다.

간혹 아이가 다른 친구들과 의견이 부딪쳐서 힘들어하는 것을 보고 불만을 토로하는 부모님이 있습니다. 과연 아이가 살아가면서 자기와 의견이 맞는 사람만 만나게 될까요? 그렇지 않습니다. 따라서 아이는 나와 생각이 서로 다른 사람들과 함께하는 방법을 배워야 하죠. 그리고 누군가와 함께할 때는 자신이 원하는 대로만 할 수 없다는 걸 알아야 합니다. 양보할 땐 양보하고, 자기가 원하는 걸 이야기를 해야 할 땐 바람직한 방법으로 전달할 수 있어야 하죠. 우리 아이가 지금 당장 힘든 것에 집중하기보다 공동체에서 생활하기 위해 필요한 인성을 갖추어야 한다는 것에 집중해서 도움을 주는 것이 바람직합니다.

④ 꾸준하게 지도하기

아이의 인성은 좋은 습관과 마찬가지로 갑자기 갖춰지는 것이 아닙니다. 꾸준히 반복해서 지도했을 때, 조금씩 갖춰지는 것입니다. 사실 어른인 우리도 완벽한 인성을 갖추었다고 말하기 어렵습니다. 항상 다른 사람을 배려하고 존중하는 건 아니니까요. 인성 교육에는 끝이 없으며, 과정 중에 있다는 생각을 가져야 합니다.

아이와 생활하다 보면 어제 했던 이야기를 또 해야 할 때가 있습니다. 어제 친구에게 쌀쌀맞게 말하는 걸 보고 "친구에게 친절하게 말하자!"라고 말했다고 당장 고쳐지지 않습니다. 당장 고쳐지지 않는다고 포기하는 것이 아이에게 도움이 될까요? 그렇지 않습니다. 포기하지 않고 꾸준히 지도해야 합니다. 아이가 '엄마, 아빠가 나한테 또 잔소리하네!'라고 생각할 수도 있습니다. 잔소리로 들리지 않도록 부모님이 먼저 아이에게 친절하게 말해야 하고, 지금 하는 말이 자신을 위한 이야기라고 느끼게 해야 합니다.

인내심을 가지고 아이가 바른 인성을 갖출 수 있게 도와주세요. 아이 스스로 인성에 대해 이해하고, 실천하려는 마음을 가질 수 있게 말이죠.

어른이 되었을 때 바른 인성을 가지고 스스로 성찰하는 삶을 살 수 있도록 지금부터 꾸준히 인성 교육을 해주세요.

⑤ 아이 눈높이에 맞춰 이야기 나누기

아이와 이야기를 나누는 시간을 갖는 것도 바른 인성을 기르는 데 도움이 됩니다. 아이가 나와 다른 생각이 있음을 알고, 배려, 존중, 공감 등의 덕목에 대해 생각할 수 있게 대화 시간을 갖는 것입니다. 아이가 스스로 인성 덕목을 깨닫기는 어렵습니다. 아이에게 현재 필요한 인성 교육이 무엇인지 파악해 아이 눈높이에 맞춰 이야기를 나누세요.

아이와 인성과 관련해 이야기를 나눌 때, "배려하는 사람이 돼야 한다."거나 "양보해야 한다."라고 막연하게 말하는 건 잔소리가 되기 쉽습니다. 이보다는 아이가 실제 겪은 일에 대한 이야기를 듣고 서로 생각을 나누거나, 책을 읽고 난 뒤 인성과 관련된 이야기를 하는 것이 효과적입니다. 놀이터에서 놀다가 친구와 의견이 서로 달라 다투었을 때, 그저 "싸우지 마라."라고 이야기를 끝내는 것과 그 상황을 아이 입장뿐만 아니라 친구 입장에서도 생각해보게끔 이야기하는 건 큰 차이가 있습니다. 아이가 바른 인성을 갖출 수 있게 더 의미 있는 방식으로 아이의 눈높이에 맞춰 이야기를 나누어보세요.

학교생활 이야기 나누기 상자

저는 '학교생활 이야기 나누기 상자'를 이용해서 아이와 학교생활 전반에 대한 이야기를 나누는 시간을 가졌습니다. 처음에는 아이가 학교에서 잘 적응하고 있는지, 좀더 나은 학교생활을 위해 엄마인 제가 도와줄 부분은 없는지 알고 싶은 마음에서 시작했습니다. 하지만 매일 아이와 학교생활 이야기를 나누다 보니 아이의 인성 교육에도 도움이 된다는 걸 알았습니다. 학교생활에 대해 이야기를 나누며 아이는 자기 자신과 배움, 친구, 선생님, 학교생활 자체를 긍정적으로 바라보는 눈을 기르게 되었고, 이런 긍정적인 시각은 바른 인성을 갖추는 데 도움을 주었습니다.

아이와 학교생활에 대한 이야기를 나눌 때, "오늘 학교에서 뭐했어?"라는 질문은 뻔한 답변을 하게 만듭니다. 질문을 어떻게 하느냐에 따라 아이의 생각과 관점이 달라질 수 있습니다. 그래서 '학교생활 이야기 나누기 상자'를 만들 때 '좋은 질문'을 만들기 위해 고민을 많이 했습니다. 아이가 뻔한 답변을 하지 않게 만드는 질문, 좀 더 의미 있는 대화로 이끌어갈 수 있는 질문이 필요했기 때문입니다.

제가 아이와 학교생활에 대한 이야기를 나누기 위해 만든 질문을 몇 가지 소개합니다.

- **'학교생활 이야기 나누기' 질문 목록**
- 오늘 학교에서 스스로가 생각해도 잘한 일은 무엇이니?
- 오늘 학교에서 다른 사람에게 고마움을 느낀 일 있니? 누구에게, 어떤 일로 고마움을 느꼈니?
- 오늘 학교에서 배운 내용 중에 가장 중요하다고 생각하는 건 무엇이니?
- 오늘 학교에서 힘들었던 일이 있니? 힘든 일을 잘 이겨냈다면 어떻게 이겨냈니?
  (아직 그 일을 이겨내지 못했다면 엄마와 함께 나누어보자!)

'학교생활 이야기 나누기 상자'를 활용하는 방법을 알려드립니다. 이를 통해 아이와 의미 있는 이야기를 나누는 시간을 가질 수 있기 바랍니다.

- **'학교생활 이야기 나누기 상자' 활용 방법**

- 집에 있는 상자에 구멍을 뚫어서 뽑기 상자를 만듭니다.
- 질문 쪽지를 만들어 상자에 넣습니다.
- 아이와 학교생활 이야기를 나누는 시간을 정합니다.
- 아이가 상자에서 질문 쪽지를 한 장 뽑습니다(질문 쪽지를 뽑을 개수는 아이와 협의 해 정해도 좋습니다).
- 아이는 질문 쪽지에 대한 답변을 합니다.
- 아이의 답변을 듣고, 대화를 이어갑니다.

⑥ 바람직한 양육 방법 실천하기

바람직한 양육 방법은 아이의 바른 인성을 기르는 데 도움을 줍니다. 아이에게 애정을 적절한 방법으로 표현하며 양육할 경우, 아이와 부모 는 좋은 관계를 형성할 수 있습니다. 부모님과 좋은 관계에 있는 아이는 자존감이 높고 다른 사람과의 긍정적인 관계를 지향하게 됩니다.

제가 아이와 좋은 관계를 가져야 한다고 하면, 간혹 아이 말에 무조 건 수용하라는 걸로 받아들이는 경우가 있습니다. 하지만 아이 말을 무조건 수용하는 건 바람직한 양육 방법이 아니며, 아이의 성장에도 도움이 되지 않습니다. 아이의 잘못된 생각은 고쳐줘야 합니다. 아이의 잘못된 말이나 행동을 받아줄 경우, 더욱 강화돼 앞으로 계속 그렇게 말하거나 행동하게 되겠죠. 또, 아이 스스로 '지금 내가 하고 있는 말이나 행동은 잘못된 것 같은데 엄마, 아빠는 괜찮다고 하네!'라고 생각할 수 있습니다. 이런 생각은 오히려 불신과 불안을 높일 수도 있죠. 아이가 잘못하고 있을 때, 아이를 적절한 방법으로 지도함으로써 바른 인성을 갖출 수 있게 해야 합니다.

그렇다면 아이가 잘못된 말이나 행동을 했을 때 어떻게 지도해야 할까요? 분명하고 명확한 기준으로 일관성을 갖고, 적절한 방법으로 지도해야 합니다. 부모님이 분명하고 명확한 기준을 세우고 아이와 이를 공유하는 건 아이가 '이건 되고, 저건 안 된다.'라는 걸 인식하게 합니다. 예를 들어, "다른 사람의 몸과 마음을 아프게 하는 건 안 된다."거나 "다른 사람이 '하지 말라'는 말을 했으면 그만해야 한다."라고 명확한 기준을 알려주는 것입니다.

그리고 아이가 기준에 벗어난 말이나 행동을 했을 땐 적절한 방법으로 지도해야 합니다. '화내기', '소리 지르기'는 적절한 방법이 아닙니다. 부모님의 감정을 앞세워 아이와의 관계를 망가뜨리기만 할 뿐입니다. 부모님의 '화'를 받아낸 아이들은 밖에서 친구들에게 그걸 같은 방식으로 풀면서 친구 관계에 어려움을 겪기도 합니다. 감정적인 지도는 인성 발달에 도움이 되지 않는 것입니다.

아이가 잘못된 말이나 행동을 했을 때 아이의 마음을 읽어주되, 지금 아이가 하고 있는 말이나 행동이 나쁜 결과를 불러올 수 있음을 알려줘야 합니다. 상황에 따라 부모님이 융통성을 발휘할 수도 있습니다. 일관성과 융통성을 조화롭게 적용하되, '우리 아이의 인성 발달에 도움이 되는 방법'으로 지도해야 합니다.

만약 아이가 화가 나 있는 상태라면 어떤 이야기를 해도 소용이 없습니다. 화가 난 사람은 다른 사람의 이야기가 잘 들리지 않기 때문입니다. 이럴 경우, 화를 조절할 수 있게 도와주고, 화가 가라앉았을 때 이야기를 하는 것이 좋습니다.

무엇보다도 평소에 아이에게 애정 표현을 많이 해줘야 합니다. 그러면 아이가 '엄마, 아빠는 나를 사랑하고 있으며 엄마, 아빠가 하는 이야기는 나를 위해 하는 이야기야!'라고 생각합니다. 인성 교육의 기반에는 '아이와의 좋은 관계'가 먼저 자리 잡고 있어야 합니다. 부모님이 '나는 아이를 사랑하고 있어!'라고 생각만 하는 것으로는 부족합니다. 아이가 부모님의 사랑을 느낄 수 있게 표현을 많이 해야 합니다.

부모님의 양육 태도

부모님의 양육 태도가 아이의 인성 발달에 영향을 준다는 연구 결과가 굉장히 많이 나와 있습니다. 부모님이 아이에게 애정을 갖고 자율적으로 생활할 수 있게 돕되, 적절한 기준과 한계 내에서 행동할 수 있게 하는 양육 태도는 아이의 인성 발달에 긍정적인 영향을 미칩니다. 기준과 한계 내에서 행동하게 함으로써 자기 조절 능력, 자신감, 자기효능감 등을 기를 수 있게 해줍니다.

그리고 아이와 부모가 소통을 많이 하면 아이는 자기 생각을 어떻게 표현해야 할지 배우게 됩니다. 자기 생각을 바람직하게 표현하는 방법을 아는 아이는 친구나 선생님 등 다른 사람들과의 의사소통도 잘할 수 있습니다.

너무 허용적으로 혹은 너무 권위적으로 양육하는 건 아이의 인성 발달에 도움이 되지 않습니다. 너무 허용적인 부모님은 아이에게 관심이 많지만 제한하지는 않습니다. 이럴 경우, 아이는 자기중심적으로 자라게 되고, 자기 조절 능력을 갖추지 못해 다른 사람들과의 관계에서 문제가 생기게 됩니다. 너무 권위적인 부모님은 아이가 무조건적으로 본인 말에 따르게 합니다. 이런 경우, 아이는 부모님에 대한 불만을 외부에서 공격적인 방법으로 표출하거나 다른 사람과 어울릴 때 위축된 모습을 보이면서 대인관계에서 문제가 생기게 됩니다.

부모, 자녀 간 좋은 관계의 중요성

부모 자녀 간 좋은 관계는 인성 교육에도 영향을 줄 뿐만 아니라 아이의 학습에도 큰 영향을 줍니다. 에이브러햄 매슬로(Abraham H. Maslow)에 따르면 사람에게는 누구나 욕구가 있습니다. 첫째는 생리적 욕구, 둘째는 안전의 욕구, 셋째는 애정 및 소속의 욕구, 넷째는 자존의 욕구, 다섯째는 자아실현의 욕구입니다.

아이의 학습은 자신감, 성취, 타인에게 받는 인정 및 존중과 관련된 욕구인 '자존의 욕구'와 자아 발견, 잠재력, 역량 발휘와 관련된 욕구인 '자아실현의 욕구'와 연관이 있습니다. 그리고 이러한 욕구는 '생리적 욕구', '안전의 욕구', '애정 및 소속감의 욕구'가 채워져야 비로소 나타납니다. 즉, 생리(음식, 물, 수면 등), 안전(신체 안전, 위험으로부터 보호 등), 애정 및 소속의 욕구(친밀한 가족 관계, 친구와 긍정적인 관계 등)가 채워진 상태에서 나타난다는 것입니다.

아이에게 학습하고자 하는 의지가 나타나지 않는다면, 이런 욕구가 채워지지 않았는지 살펴봐야 합니다. 배고픈 건 아닌지, 잠이 부족한 건 아닌지, 가족 혹은 친구와 부정적인 관계를 형성하고 있는지 등 말입니다.

- **아이와 좋은 관계를 형성하기 위한 방법**
- 아이가 하는 일에 함께하기
- 가족이 함께 놀러 다니기
- 아이의 생활에 관심을 갖고 대화하기
- 꼭 안아주면서 "○○이는 보물이야!"라고 '아이의 존재'를 인정하는 말해주기
- "엄마는 우리 ○○이가 잘 자랐으면 좋겠어! 옆에서 도와줄게!"라고 응원하기
- 손잡고 산책하기
- 가족 회의하기
- 함께 놀이하기

⑦ 체험 활동

체험 활동은 아이에게 바른 인성을 가져야겠다는 마음가짐을 갖게 하고, 그 실천 방법도 알게 해줍니다. 체험 활동은 여러 영역에서 할 수 있는데, 이 중에서 아이의 인성 발달과 관련 깊고 가정에서 아이와 함께 하기 좋은 '자연 체험 활동', '봉사활동'을 살펴보겠습니다.

자연 체험 활동은 말 그대로 자연 속에서 체험하며 자연에 대한 신비로움, 아름다움을 느끼게 해주는 것입니다. 자연에 대한 긍정적 인식을 가진 아이는 생명에 대한 소중함을 알고, 환경에 대한 바른 인식을 가지

며, 이를 실천에 옮깁니다. 최근 사람의 생명을 경시 여기는 사건이 잇따라 터지고, 환경오염으로 인한 피해들이 나타나기 시작하면서 교육에서 생명 존중과 환경 교육은 아주 중요한 이슈로 다루어지고 있습니다. 가정에서부터 아이가 생명 존중, 자연 친화적인 태도를 가질 수 있게 자연 체험 활동을 많이 해주세요.

봉사 활동은 이웃을 돕는 활동, 환경 보호를 위한 활동, 사회 현상에 대해 관심을 갖고 참여하는 캠페인 활동 등이 있습니다. 이를 통해 아이는 다른 사람을 배려하는 마음, 환경을 아끼는 마음, 사회에 관심을 갖고 참여하려는 태도를 가지게 됩니다. 가족이 함께 지역 사회 내 어려움에 처해 있는 이웃을 돕거나 우리 동네를 깨끗이 하는 활동에 참여하는 등 다양한 방법으로 봉사 활동을 할 수 있죠. 부모님이 학교에서 하는 교통 정리 봉사, 도서관 봉사 활동에 참여하는 모습을 보여주는 것도 좋습니다. 왜 이런 활동에 참여하는지 아이와 이야기도 나누어보세요.

만약 직접 봉사 활동을 하기 어려운 상황이라면 온라인으로 어려운 이웃 돕기 캠페인에 참여해도 좋습니다. 아이 이름으로 기부를 하거나 어려움에 처한 사람과 결연을 맺고 후원하는 경험을 통해 아이는 다른 사람을 배려하고 생각할 줄 아는 마음을 갖게 될 것입니다.

⑧ 감정 교육

아이가 다른 사람과 잘 지낼 수 있는 인성 교육을 위해 '감정 교육'은 필수입니다. 초등 1학년 아이들 생활을 보면 친구와 사이좋게 잘 지내는 아이가 있는 반면, 친구들과 어울리는 데 어려움을 겪는 아이도 있습니다. 같은 초등 1학년이지만 친구들을 배려하며 말하고 행동하는 것이 되는 아이가 있는 반면, 친구들이 어떻게 생각하든 상관없이 자신의 감정을 말과 행동으로 표출해버리는 아이도 있습니다.

왜 이런 차이가 나타날까요? 아이가 '감정'에 대해 이해하고 있는 정도에 차이가 있기 때문입니다. 지금 자신이 어떤 감정인지 알고 그 감정을 조절할 줄 아는 아이, 다른 사람의 감정이 어떤지 아는 아이, 다른 사람의 감정을 고려하며 대할 수 있는 아이는 사람들과 잘 어울릴 수 있죠. 아이가 감정에 대해 이해할 수 있게 하려면 이와 관련된 교육이 이뤄져야 합니다. 학년이 올라간다고 갑자기 감정 이해 능력이 높아지는 건 아닙니다.

최근 학교 현장에는 감정 교육을 실천하는 선생님이 많이 있습니다. 아이들의 감정과 관련된 연구도 많이 이뤄지고 있습니다. 그만큼 감정의 중요성이 강조되고 있는 것입니다. 아이가 감정에 대해 알아야 학교에 입학한 후 다른 아이들과 지내는 것이 수월하기에 초등 입학 이전부터 아이와 감정에 대한 이야기를 많이 나눌 필요가 있습니다. 아이가 친구와 있었던 일을 이야기할 때, 아이와 함께 그림책을 읽을 때, 집에서 가족 간 문제가 생겼을 때 등 다양한 상황에서 감정에 대한 이야기를 많이 나눠보세요. 이를 통해 감정에 어떤 종류가 있는지, 상황에 따라 감정이 어떻게 변할 수 있는지, 자기 감정을 어떻게 다스릴 수 있는지, 자기 생각을 어떻게 표현할 수 있는지 알려주세요. 처음에는 아이가 어려워하겠죠. 아직 자기중심적인 특성을 가진 시기니까요. 하지만 여러 상황에서 자신의 감정, 다른 사람의 감정을 살펴보는 경험이 쌓일수록 감정에 대한 이해가 높아지는 걸 볼 수 있습니다.

아이가 자신과 다른 사람의 감정을 완벽하게 이해하고, 자기 감정을 조절하기는 힘듭니다. 사실, 어른인 우리도 힘든 일이죠. 하지만 감정을 고려할 줄 아는 아이는 고려하지 않는 아이보다 바른 인성을 갖출 수 있고, 다른 사람과 더 좋은 관계를 만들 수 있는 건 분명합니다.

정서 지능에 관해

정서 지능은 자신과 다른 사람의 정서(감정)에 대해 알고 있는 능력을 의미합니다. 정서 지능이 높은 아이는 자기 자신에 대한 이해가 높고, 감정을 잘 조절합니다. 나에 대한 이해가 높을 뿐만 아니라 다른 사람의 감정에 대한 이해도 높으며, 공감 능력이 뛰어납니다. 정서 지능이 높을수록 다른 사람과의 관계를 잘 형성하고 유지할 수 있게 됩니다. 같은 연령이더라도 정서 지능이 높은 아이가 친구들과 좋은 관계를 만들어갈 수 있겠죠.

정서 지능은 갑자기 길러지지 않습니다. 학교에서의 경험을 통해 길러질 수도 있지만, 가정에서의 경험도 중요합니다. 정서 지능을 높이기 위해 가정에서 할 수 있는 일은 다음과 같습니다.

• 감정에 대해 배울 수 있는 시간 갖기

감정에 어떤 것이 있는지 알 수 있게 해주세요. 아이가 지금 느끼는 감정에 이름을 붙여주는 것이 감정에 대해 이해하는 데 도움을 줍니다. "즐겁구나!", "화가 나는구나!"
와 같이 감정을 읽어주는 것이죠. 또, 책을 읽고 책에 나온 인물의 감정을 이야기하며
감정에 대한 이해를 높여줄 수도 있습니다.

- **본보기 보여주기**

부모님이 아이의 감정을 존중하는 모습, 다른 사람들의 감정을 생각하며 생활하는
모습을 보여주세요. 아이는 자기 정서를 잘 인식하고, 다른 사람의 정서에 대한 이해
가 높은 부모님의 모습을 보며 배울 것입니다.

- **부정적인 감정을 건강하게 다루는 방법 알려주기**

사람에게 부정적인 감정이 생기는 것은 당연합니다. 부정적인 감정이 나쁘다고 교육
할 경우 아이가 자신의 감정을 억누르려고 하다가 부작용이 나타날 수 있습니다. 아
이에게 부정적인 감정을 건강하게 다루는 방법을 알려줘야 합니다. 화가 날 때 소리
를 지르거나 계속 참기만 하는 건 건강하다고 보기 어렵습니다. '감정을 진정시키는
방법(심호흡하기, 내가 좋아하는 활동하기 등)'과 '자기 감정을 상대방에게 적절하게
표현하는 방법(지금 내 감정이 어떤지, 왜 이런 감정이 드는지, 원하는 것이 무엇인
지 말하기 등)'을 알려주세요. 아이와 함께 부정적 감정이 생길 때 대처할 수 있는 방
법을 생각해보고 목록을 만들어 활용할 수도 있습니다.

정서 지능을 완벽하게 갖춘 사람은 어른 중에도 얼마 없을 것입니다. 아이가 정서 지
능을 완벽하게 갖추게 하는 걸 목표로 하기란 비현실적입니다. 완벽함 대신 꾸준함
을 목표로, 아이와 정서나 감정에 대해 주기적으로 이야기하는 시간을 갖거나 자기
정서 지능에 대해 성찰하는 시간을 가져보세요. 이를 통해 아이의 정서 지능이 지금
보다 더 성장하여, 다른 사람과의 관계에도 긍정적인 영향을 줄 것입니다.

좋은 습관과 바른 인성 관련 상담

상담1 **아이가 공감을 잘 못하는 것 같다는 생각이 듭니다. 엄마가 진지하게 말할 때 웃거나, 다른 사람의 입장을 배려하지 않고 자기 생각만을 주장하는 모습을 보입니다. 학교에 가서 친구를 대할 때 공감하지 못하면 친구 관계에서 어려움을 겪을 것 같아 걱정입니다. 공감 능력을 기를 수 있게 집에서 어떻게 도와줄 수 있을까요?**

공감 능력이 친구 관계에 긍정적인 영향을 준다는 걸 잘 알고 계시는군요. 저도 이런 이유로 아이의 공감 능력을 길러주기 위해 노력했고, 지금도 계속 노력하고 있습니다. 제가 아이의 공감 능력을 길러주기 위해 가정에서 했던 활동을 소개합니다.

- **그림책 읽고 공감 관련 활동하기**

그림책을 읽고, 인물의 감정을 생각해요. 내가 책 속 인물이라면 어떤 마음이었을지 생각하고 이야기를 나누어요.

- **마음, 감정, 관계 등에 대해 다루고 있는 책 함께 읽기**

《아홉 살 마음 사전》, 《아홉 살 함께 사전》 등의 책을 함께 읽어요. '마음, 감정, 관계'를 주제로 독후 활동을 할 수도 있어요.

- **일상생활에서 감정에 대한 이야기를 꾸준히 나누기**

학교생활, 가정생활 등 아이의 전반적인 생활에서 감정에 대한 이야기를 주기적으로 나누어요.

• 단호할 땐 단호하게 말하기

아이가 잘못된 말이나 행동을 했을 때 단호하게 말해요. 단, 아이가 '엄마(아빠)가 이렇게 말하는 건 나를 위한 거야.'라고 생각할 수 있게 평소에 아이와 관계를 잘 다져놓아야 해요. "엄마(아빠)는 ○○이가 친구들에게 친절하게 말했으면 좋겠어. 그러면 ○○이가 친구들과 더 즐겁게 지낼 수 있을 거야!" 이런 식으로 부모님의 생각을 꾸준히 전달하며, 아이가 잘못 했을 땐 단호하게 이야기해주세요.

• 부모님의 감정을 말하기

아이의 말과 행동에 부모님이 어떤 감정을 느끼는지 알려주세요. "○○이가 이렇게 말하니까 엄마(아빠)는 _____해. _____했으면 좋겠어."라고 말이죠. 저는 아이의 말에 화가 나면 "○○이가 이렇게 말하니까 엄마가 좀 화가 나. 엄마 화가 좀 가라앉으면 더 이야기 해보자."라고 이야기했어요.

• 내가 상대방이라면 어떨 것 같은지 꾸준히 이야기를 나누기

내가 어떤 말이나 행동을 했을 때 상대방은 어떤 감정이었을 것 같은지 이야기를 나누세요. 이것이 가능하려면 '감정'에 대한 이해가 높아져야겠죠.

🔍 요약

아이의 공감 능력을 위해 할 수 있는 일
- 그림책 읽고 공감 관련 활동하기
- 마음, 감정, 관계 등에 대해 다루고 있는 책 읽기
- 일상생활에서 감정에 대한 이야기를 꾸준히 나누기
- 단호하게 말하기
- 부모님의 감정을 말하기
- 내가 상대방이라면 마음이 어떨 것 같은지 이야기를 나누기

상담 2 아이가 코로나로 등교를 많이 못했습니다. 아무래도 친구들과 만나는 경험을 통해 바른 인성을 기를 수 있을 것 같은데, 이런 경험을 많이 하지 못해 우려됩니다. 코로나가 종식되더라도 앞으로 또 이런 일이 없으리라는 보장도 없습니다. 비대면 상황에서 우리 아이의 인성 교육을 도울 방법은 없을지 궁금합니다.

코로나19로 등교가 줄면서 우려되는 점 중에 하나가 '인성 교육'입니다. 인성은 '함께하는 경험'을 통해 길러질 수 있는 부분들이 있는데, 아이들이 누군가와 함께하는 경험을 많이 못했기 때문입니다. 사실 이 부분은 가정에서 완벽하게 채워주기 어려운 부분이기도 합니다. 아이들이 주로 학교에서 함께하는 경험을 많이 했는데, 이 부분이 제대로 되지 않는 상황에 놓인 것이죠. 앞으로 코로나19와 같은 일이 또 생기지 않을 것이라는 보장도 없습니다. 따라서 가정에서 인성을 어떻게 길러줄 수 있을지 생각해볼 필요가 있습니다.

• 가족이 함께하는 경험 많이 갖기

또래 친구들과 함께 협력하는 경험을 해보는 것이 가장 좋긴 하지만, 코로나19와 같이 특수한 상황이라면 가족들끼리 협력하는 경험을 평소보다 더 많이 해보는 것이 좋겠습니다. 가족이 다함께 하나의 목표를 향해 나아가는 것입니다. 가정에서 생긴 문제가 있다면 어떻게 해결할 수 있을지 함께 이야기를 나누며, 해결 방안을 찾아보는 시간을 가져도 좋습니다.

• 또래 친구들과 비대면으로 만나기

또래 친구들과 함께하는 경험과 가족이 함께하는 경험은 다르기에 친구들과 함께하는 경험이 필요합니다. 또래 친구들이 한자리에 모이기 어려운 상황이라면 비대면으로 해보는 일에 도전해도 좋겠습니다. 코로나19와 같은 일이 생기면 많은 일이 비대면으로 이뤄지게 될 것입니다. 비대면 상황에서 다른 사람을 배려하고 자기 의견을 적절한 방법으로 제시하는 방법 등을 익힐 필요가 있는 것이죠.

자주는 어렵더라도 시간을 정해놓고 여러 가정의 아이들이 비대면으로 만날 수 있는 기회를 제공해보는 건 어떨까요? 비대면으로 친구들과 만나 책을 읽고 생각이나 느낌을 나누는 활동, 주어진 주제에 대한 생각을 말하는 활동을 할 수 있겠죠. 이런 활동은 아이가 비대면 상황에 필요한 인성을 갖추는 데 도움이 될 것입니다. 단, 이때 아이들끼리만 비대면 상황에 있을 경우 문제가 생길 수 있으므로 보호자도 그 자리에 함께해야 합니다.

• 사회적 기술(skill) 알려주기

'사회적 기술'이란 다른 사람과 관계를 형성하고, 소통하기 위해 사용하는 기술을 의미합니다. 같은 연령의 아이들이더라도 사회적 기술을 갖춘 아이는 그렇지 않은 아이에 비해 다른 친구들과 잘 소통하면서 지낼 수 있습니다.

사회적 기술은 나이가 들어감에 따라 저절로 익히게 되는 것이 아닙니다. 물론 나이가 들어가면서 아이가 경험을 통해 배울 수도 있지만, 이렇게 알아가기에는 시간이 너무 오래 걸리며, 이 기간 동안 다른 친구들과의 관계에서 어려움을 겪을 수도 있습니다. 또 아이가 일일이 직접 익히기 힘든 사회적 기술도 있으므로 사회적 기술에 대해 가정에서 알려줄 필요가 있습니다. 더욱이 코로나19와 같은 상황에서 학교에 가지 못한다면 가정에서 사회적 기술에 대해 알려줘야 합니다.

:: 사회적 기술을 가정에서 어떻게 지도할까요? ::

• 아이와 사회적 기술이 필요한 이유에 대해 이야기 나누기

아이와 사회적 기술에 대해 이야기를 나누는 시간을 가집니다. 아이와 가정에서 지내면서 문제가 생겼을 때 이야기를 나눌 수도 있고, 친구 관계에 관한 책을 읽어주며 사회적 기술에 대한 이야기를 나눌 수도 있습니다. '어떤 이유로 다른 사람과의 관계에서 문제가 생겼는지', '가족 혹은 친구들과 좋은 관계를 맺으려면 어떻게 해야 하는지' 이야기를 나눕니다. 그리고 다른 사람들과 잘 지내기 위해 사회적 기술이 필요함을 알 수 있게 도와줍니다.

• 아이가 익혀야 할 사회적 기술 목록을 작성하기

아이와 함께 이야기를 나누며, 다른 사람들과 잘 지내기 위해 필요한 사회적 기술에 어떤 것이 있는지 적어봅니다. 만약 아이가 대답하기 어려워하면, 부모님이 사회적 기술에 어떤 것이 있는지 알려줘도 됩니다.

아이가 갖추어야 할 사회적 기술
- 차례 기다리기
- 지시 사항에 따르기
- 다른 사람들과 협력하기
- 친절하게 말하기
- 명확하게 말하기
- 적극적으로 듣기
- 상황에 어울리는 목소리 크기로 말하기
- 인사하기
- 청결하게 생활하기 등

• 사회적 기술 연습하기

사회적 기술이 어떤 이유로 중요한지 생각해보는 시간을 가집니다. 다른 사람과의 좋은 관계에 각 기술이 어떤 영향을 주는지 생각해보는 것입니다. 그리고 각각의 기술을 사용한다는 것이 어떻게 하는 것인지 구체적으로 알려준 후, 실생활에서 꾸준히 연습할 수 있게 합니다. 무엇보다도 부모님이 본보기가 되는 것이 중요합니다.

• 피드백하고 성찰하기

아이가 사회적 기술을 잘 사용하든 못 하든, 모두 피드백을 해주세요. 아이가 실제 상황에서 사용할 수 있는 사회적 기술에 대해 이야기해주면 도움이 됩니다. 사회적 기술을 잘 사용하고 있지 못하다면, 지금 아이가 실천해야 하는 사회적 기술이 무엇인지 물어보고, 구체적으로 그걸 실천할 수 있는 방법을 알려줍니다. 이미 아이에게 예전에 했던 이야기라도 다시 합니다. 아이가 사회적 기술을 한 번에 익혀서 잘 사용하기는 어렵습니다.

이때 피드백은 구체적으로 해주세요. 단순하게 상대방의 말을 "잘 들어야지!"라고 말하는 것보다 "상대방의 눈을 보면서 어떤 말을 하는지 듣고 이해가 되면 고개를 끄덕이며 듣자. 혹시 이야기가 무슨 말인지 잘 모르겠으면 상대방의 말이 끝난 뒤 질문을 하자."라고 말하는 것이 교육적으로 더욱 효과가 있습니다.

아이가 사회적 기술을 잘 사용하지 못하고 있을 때뿐만 아니라, 잘 사용하고 있을 때도 피드백을 해줘야 합니다. 아이가 구체적으로 어떤 기술을 어떻게 잘 사용하고 있는지 말해주세요.

시간을 정해 가족들이 함께 모여 사회적 기술에 대해 성찰하는 시간을 가질 수도 있습니다. 오늘 다른 사람들과의 좋은 관계를 맺기 위해 사용했던 사회적 기술은 무엇인지, 좀 더 향상시켜야 할 사회적 기술은 무엇인지 서로 이야기를 나누어보세요. 부모님이 먼저 이런 이야기를 하기 시작하면 아이도 부담이 줄어들어 좀 더 편하게 자신의 사회적 기술을 성찰할 수 있을 것입니다.

> 🔍 **요약**
>
> **비대면 상황에서 우리 아이의 인성 교육을 도울 방법**
> - 가족이 함께하는 경험 갖기
> - 또래 친구들과 비대면으로 만나기(보호자도 그 자리에 함께하기)
> - 사회적 기술 알려주기

좋은 습관과 바른 인성 관련 활동

좋은 습관 목록 작성하기	관련 영역: 습관

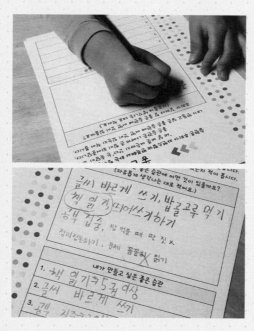

활동 목표	★ 좋은 습관에 무엇이 있는지 알고, 내가 만들고 싶은 좋은 습관을 찾아요.
활동 방법	1. 종이와 펜을 준비해요. 2. 아이와 함께 좋은 습관에 무엇이 있는지 이야기를 나누며 적어요. 3. 적은 습관들 중에 내가 만들고 싶은 좋은 습관을 골라요.
활동 팁!	1. 일방적으로 알려주기보다 아이와 논의하며 목록을 만들어보세요. 2. 한 번에 너무 많은 습관들을 만들려고 하면 힘들어요. 그중에 4, 5가지 정도만 골라서 실천할 수 있게 해주세요.

좋은 습관 만들기를 실천하고 싶다면?

좋은 습관 형성을 위한 체크리스트	관련 영역: 습관

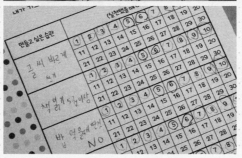

활동 목표	★ 좋은 습관을 형성하는 방법을 알고 실천해요.
활동 방법	1. 좋은 습관을 형성하는 방법에 대해 이야기 나누어요(꾸준히 연습하기, 지금 내가 할 수 있는 선에서 도전하기 등). 2. 좋은 습관 목록 중에서 아이와 이야기해 2주에서 1달 동안 매일 실천할 습관을 뽑아요. 3. '좋은 습관 체크리스트'를 만든 후 매일 실천하며 체크해요.
활동 팁!	1. 현실적인 목표를 세우고, 아이 스스로 실천하고 체크하게 하세요. 2. 적절한 보상을 사용할 수도 있어요.

가족이 함께 '좋은 습관 만들기'에 도전하기	관련 영역: 습관

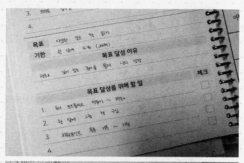

활동 목표	★ 가족이 함께 도와 좋은 습관을 만들어요.
활동 방법	1. 가족 구성원이 모여 정해진 기간(2주에서 1달) 동안 만들고 싶은 좋은 습관을 말해요. 2. 가족 구성원 각자 '좋은 습관 만들기 체크리스트'를 만들어요. 3. 매일 저녁 혹은 주말 시간에 체크리스트를 보며 좋은 습관을 만들기 위해 어떤 노력을 했는지 이야기 나누어요. 4. 정해진 기간 이후 좋은 습관을 만들기 위해 노력한 가족 구성원을 축하하는 파티를 해요.
활동 팁!	가족 모두 '좋은 습관 만들기'에 참여해 서로 성장하는 과정을 나누는 것만으로도 아이에게 큰 힘이 될 수 있어요.

인성이 무엇인지 알려주고 싶다면?	
책 읽고 인성 교육 활동하기	관련 영역: 인성

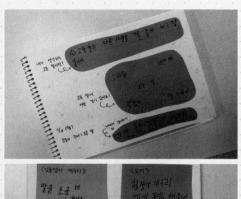

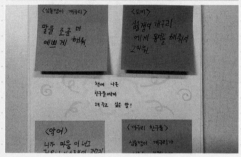

활동 목표	★ 가정에서 할 수 있는 인성 교육 활동을 통해 인성에 관한 이해를 높여요.
활동 방법	1. 아이와 함께 활동하기 위한 인성 덕목 중 한 가지를 선택해요. 2. 선택한 인성 덕목에 대한 내용이 담긴 책을 함께 읽어요. 3. 인성 덕목과 관련해 이야기를 나누어요(책에 나온 인물에게 해주고 싶은 말, 아이가 생각하는 인성 덕목의 의미, 인성 덕목을 갖추기 위해 할 수 있는 일 등).
활동 팁!	1. 인성 덕목을 선택하는 데 어려움이 있다면 책의 '바른 인성을 갖추기 위해 필요한 덕목'에 있는 표를 참고하세요. 2. 아이가 인성 덕목의 의미, 이를 위해 할 수 있는 일을 말하기 어려워한다면 부모님이 먼저 이야기를 해주세요.

좋은 습관과 바른 인성을 길러야겠다는 마음을 갖게 하려면?

좋은 습관과 바른 인성을 가진 인물에 관한 책 읽기	관련 영역: 습관, 인성

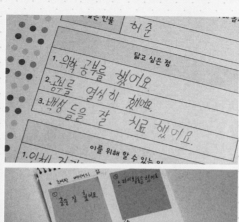

활동 목표	★ 좋은 습관과 바른 인성을 가졌던 인물에 관한 책을 읽고 본받을 점을 찾아 실천하려는 마음을 가져요.
활동 방법	1. 좋은 습관과 바른 인성을 가진 인물이 등장하는 책을 읽어요. 2. 인물이 어떤 좋은 습관과 바른 인성을 갖고 있었는지, 그런 것이 삶에 어떤 영향을 주었는지 이야기를 나누어요. 3. 닮고 싶은 점을 찾아 정리해요.
활동 팁!	이 활동은 아이의 진로 교육 활동의 일환으로 할 수도 있어요. 아이의 흥미 혹은 장래희망과 관련된 사람에 관한 책을 읽고 해보세요.

4장

초등 1학년
학습 성장을 위한
학습 관리

"아이가 집에 있을 때 도통 책상에 앉으려 하지를 않아요. 오늘도 공부시키려다가 애한테 화만 냈네요."

"어른들 말씀이 할 때가 되면 알아서 공부한다고 하는데, 아이가 공부에 흥미를 보일 때까지 가정에서 그냥 내버려둬도 괜찮을까요?"

가정에서 아이의 학습을 도와주려다가 오늘도 이런 고민에 빠진 학부모님들이 있을 것입니다. 아이의 교육을 담당하는 두 개의 큰 축은 '학교'와 '가정'입니다. 학교가 교육기관이긴 하지만 가정에서도 교육에 함께 동참해준다면 아이의 학습 성장은 훨씬 더 효과적으로 이뤄질 수 있습니다. 아이에게 학교와 가정은 서로 다른 환경으로 다가옵니다. 학교가 선생님과 친구 등 많은 사람들과 함께하며 배우고 성장해가는 환경이라면, 가정은 아이에게 가장 친숙한 존재인 엄마, 아빠와 함께하며 배우고 성장해가는 환경입니다. 그렇기에 학교와 가정에서 아이에게 해줄 수 있는 일에는 차이가 있습니다.

학교에서는 여럿이 함께하면서 배울 수 있는 것들이 있다면, 집에서는 우리 아이 한 명에게 맞추어 학습을 하기 좋다는 장점이 있습니다. 학습 성장에 있어 굉장히 큰 장점이죠. 우리 아이의 성향, 수준에 맞추어 학습을 돕는다면 학습 성장이 더욱 효과적으로 이뤄지니까요. 이런 큰 장점을 절대 포기하지 않으면 좋겠습니다.

가정에서 아이와 학습에 대한 관심은 곧 아이의 학습 성장으로 이어집니다. 가정에서 아이의 학습을 어떻게 관리해줄 수 있는지 그 방법을 안다면, 아이의 학습에 더욱 도움이 되겠죠? 그래서 이번 장에서는 우리 아이의 학습 관리를 어떻게 할 수 있을지 알아보려고 합니다. 이를 아이의 학습에 실제로 적용함으로써 학습 성장을 향한 첫걸음을 뗄 수 있기를 기대해봅니다.

학습 성장을 위한 학습 관리법

1. 우리 아이 학습 관리의 기본

학습 관리의 기본

앞에서 가정에서는 우리 아이 한 명에게 맞춘 학습을 하기 좋다고 했습니다. 이 말을 좀 더 자세히 하면 학교처럼 다른 아이들의 수준, 성향, 상황을 신경 쓰지 않고 오로지 우리 아이의 수준, 성향, 상황을 고려해, 학습 계획을 세우고 실천할 수 있다는 것이죠. 우리 아이의 학습을 관리하는 전체 과정에서 '우리 아이가 현재 어떤 수준인지, 성향은 어떤지, 가족들의 상황은 어떤지' 등을 고려해야 합니다.

아이의 학습을 관리하다 보면 선택이 필요한 상황에 놓일 때가 정말 많습니다. 어떤 교재를 선택할지, 어떤 학습 방법을 선택할지, 학습을 어려워하는 아이에게 어떤 말을 할지 등 이 모든 것들이 선택이 필요한 상황입니다. 그리고 어떤 선택을 하느냐에 따라 아이의 학습이 크게 달라집니다.

그렇다면 어떤 선택을 하면 좋을까요? 다른 사람이 좋다고 하는 교재, 학원, 학습지를 선택하면 될까요? 그렇지 않습니다. 다른 사람의 아이와 우리 아이는 다르기 때문입니다. 다른 사람의 아이에게는 효과가 있었더라도 우리 아이에게는 효과가 없을 수도 있죠. 아이 학습과 관련된 선택을 해야 하는 상황에서 가장 중심에 둘 건 '우리 아이의 학습 성장에 가장 도움이 되는 선택을 하자.'는 마음가짐입니다.

2. 우리 아이 학습 관리 방법

우리 아이의 학습 관리는 아이가 자기 주도 학습까지 나아갈 수 있게 이뤄져야 합니다. 초등 1학년 아이에게 "자기 주도 학습을 해야 하니 알아서 공부하렴!"이라고 말하면, 아이가 "네, 제가 알아서 공부하겠습니다."라고 답하며 알아서 효과적으로 공부할 수 있을까요? 그렇지 않습니다. 아이 스스로 자신의 학습을 계획하고 실천할 수 있는 단계까지 나아가려면 그 방법을 익혀야 합니다. 우리 아이의 학습 관리는 길게 봤을 때, 아이 스스로 학습을 관리할 수 있는 단계까지 가는 걸 목표로 해야 합니다.

아이가 그 방법을 익힐 수 있게 학습을 관리하는 전체 과정에서 부모님이 어느 정도 주도권을 갖고 진행하되, 아이의 선택과 참여를 유도해야 합니다. 아이가 학년이 올라가면서 학습에 익숙해지고 성장함에 따라, 아이에게 주도권을 서서히 넘겨주세요. 그럼으로써 고학년 땐 부모님보다 아이가 학습에 대한 주도권을 갖고 자기 주도 학습으로 나아갈 수 있게 합니다.

우리 아이의 학습 계획하기

우리 아이의 학습 관리를 위해 학습 계획을 세우는 것이 좋습니다. 무작정 아이가 학습을 하게 하면 길을 잘못 들 때도 많고, 지금 아이가 하는 학습을 '왜 해야 하는 것인지', 정말 '아이에게 도움이 되는 학습인지'를 알 수 없어서 아이의 학습 성장과는 거리가 멀어지게 됩니다.

학습 계획을 세우기 위해 우리 아이가 지금 배워야 하는 것에 대한 이해를 바탕으로 아이 수준을 파악해 목표를 정합니다. 그리고 아이가 목표를 달성할 수 있게 어떤 과제를 어떤 방법으로 학습할 것인지 선정합니다.

앞으로 나올 내용을 읽다 보면 '이게 참 쉽지 않구나!'라는 생각이 들 수 있습니다. 하지만 쉽지 않은 일이더라도 도전해보세요. 초등 1학년은 본격적인 학습이 시작되는 시기이기 때문입니다. 초등 1학년 때 아이의 학습 성장을 위한 계획을 잘 세워 실천하면, 탄탄하게 학습 기초와 기반을 다질 수 있겠죠. 그러면 그 다음 학년의 학습에 큰 힘이 될 것입니다.

① 우리 아이가 학교에서 배우는 내용 확인하기

우리 아이의 학습을 계획하기 위해 가장 먼저 해야 할 일은 '아이가 학교에서 무엇을 배우는지' 확인하는 것입니다. 이를 확인하는 방법은 교육과정 및 교과서를 살펴보는 것입니다. 교육과정을 분석하고 해석하는 건 교육과정에 대한 깊이 있는 공부를 해야 제대로 할 수 있습니다. 하지만 아이가 초등학교에서 무엇을 배우는지 알아보는 건 생각만큼 어렵지 않습니다. 우리나라 교육과정 정보를 담고 있는 'NCIC 국가교육과정 정보센터' 홈페이지에 들어가면 확인할 수 있거든요. 이 사이트에서는 초등 1학년뿐만 아니라 전체 학년 교육과정을 볼 수 있어 우리 아이 교육의 큰그림을 그리는 데 도움을 받을 수 있습니다.

교육과정을 살펴보는 방법이 어렵다면, 아이가 배우는 교과서를 살펴보는 것도 좋습니다. 교과서는 교육과정을 기반으로 만들어진 교재이기 때문입니다. 즉, 교과서에 담긴 내용은 우리 아이가 배워야 할 기본적인 내용이라고 할 수 있습니다.

학교에서 배우는 내용을 토대로 아이의 수준을 파악하는 단계입니다. 초등 1학년 국어, 수학 교과 내용과 연결해서 아이 수준을 파악해보세요. '한글을 어느 정도로 읽고 쓰는지', '책 읽는 수준은 어느 정도인지', '초등 1학년에 다루는 수학 내용을 현재 어느 정도로 알고 있는지' 파악하려면 아이의 학습 과정을 관찰하고, 아이가 푼 교재를 확인하면 됩니다.

우리 아이의 학습 수준을 파악할 때 신경 써야 할 것이 있습니다. '아이와 나를 동일시하지 않기', '다른 아이와 비교하지 않기'입니다. 이 두 가지는 우리 아이의 학습 수준을 객관적으로 파악하는 데 방해가 됩니다. 아이의 능력이 곧 부모님의 능력이라고 생각하면, 아이가 학습에 어려움을 겪더라도 인정하지 못합니다. 아이가 어려워하는 부분을 부모님이 인정하고 보충해줘야 아이의 학습 성장이 효과적으로 이뤄질 수 있습니다. 아이가 어려워하는 것을 인정하지 않으면 아이에게 꼭 필요한 학습을 해주지 못해 학습 성장과 거리가 멀어지는 것이죠.

다른 아이와 비교하는 것 역시 마찬가지입니다. 다른 아이와 비교해 내 아이의 수준을 바라보고, 그걸 아이의 학습에 적용하면, 효과적인 학습이 될 가능성이 낮습니다. 비교를 한다면, 이전의 우리 아이와 지금의 우리 아이를 비교해야 합니다. 우리 아이의 학습 수준이 이전보다 더 나아지고 있는지를 봐야 하는 것이죠.

아이가 학교에서 배우는 내용을 확인하고 아이의 수준을 객관적으로 파악했으면, 이제 학습 계획을 세워야 합니다. 아이에게 맞추어 학습 계획을 세우는 건 중요하면서도 부담이 많이 가는 작업입니다. '계획대로 잘되지 않으면 어떡하지?' 하는 불안감과 두려움이 있기 마련입니다. 하지만 계획대로 잘되지 않는 건 당연히 있을 수 있는 일이고, 그 안에서도 배울 수 있다는 자세로 임해야 합니다.

학습 계획에는 '아이가 달성해야 하는 목표', '목표 달성을 위해 학습할 과제'가 있어야 합니다. 우리 아이가 무엇을 배우기 원하는지, 무엇을 할 수 있기를 원하는지를 생각해서 목표를 정합니다. 그리고 아이의 초등 1학년 학습을 계획할 때, 꼭 넣어야 한다고 생각하는 건 '기초 학습 능력'입니다. 읽기, 쓰기, 셈하기(수학)가 그것입니다. 이 세 가지 영역에 포커스를 두고 1년간 학습하기를 권장합니다. 이 세 가지 능력이 잘 갖추어져야 앞으로 이어질 학습을 해나가기 수월하기 때문입니다. 초등 1학년 때 갖춰야 할 기초 학습 능력인 읽기, 쓰기, 셈하기를 세 가지 큰 영역으로 두고 각 영역에서 배워야 할 내용을 정합니다. 아이가 학교에서 배우는 내용, 아이의 학습 수준과 그동안 가정과 유아교육기관에서 해온 학습 수준에 맞춰서 아이가 배워야 할 내용을 세부적으로 선정하면 됩니다.

초등 1학년은 기초 학습 능력을 갖추는 것이 중요하므로 큰 틀을 읽기, 쓰기, 셈하기로 잡고 국어·수학 교과별로 꼭 배워야 한다고 생각하는 내용을 정리했습니다.

국어 | 글 읽고 내용 이해하기, 경청하기, 또박또박 소리 내어 읽기, 자기 생각 표현하기, 아이 수준에 맞는 글쓰기, 아이 수준에서 맞춤법과 띄어쓰기 익히기
수학 | 수 개념 알기, 덧셈과 뺄셈 원리 알고 계산하기, 초등 1학년 수준 수학 개념 이해하기, 문장제 문제 해결하기, 시각 읽기
영어 | (현재 우리 아이 수준에 적절한) 듣기, 말하기, 읽기, 쓰기

아이 학습을 어떻게 해나갈지 길을 정할 때 가장 신경 쓸 부분은 아이를 '성장 과정에서 바라보는' 것입니다. 국어 교과에서 배워야 할 내용에 맞춤법, 띄어쓰기를 넣은 것이 아이가 맞춤법, 띄어쓰기를 완벽하게 하는 걸 의미하지는 않습니다. 현재 아이의 수준보다 더 잘할 수 있게 돕는다는 걸 의미합니다.

④ 구체적인 목표 설정하기

아이가 배워야 할 내용을 토대로 목표를 세웁니다. 목표는 구체적으로 세울수록 좋습니다. 아이가 해야 할 학습이 좀 더 명확하게 보이기 때문입니다. '한글을 안다'라는 목표보다는 '한글을 보는 즉시 정확하게 말할 수 있다'라고 구체적으로 목표를 세워야 눈으로 확인하기 좋습니다. 목표는 학기 단위로 세울 수도 있지만 상황에 따라 한 달, 일주일 단위도 가능합니다. 단, 정해진 기간 안에 아이가 달성할 수 있는 목표를 세워야 합니다.

초등 1학년 1학기 목표

* 이 목표는 하나의 예시입니다. 우리 아이의 수준과 상황에 맞춰 목표를 세워보세요.

초등 1학년 아이가 꼭 배워야 한다고 생각한 기초 학습 능력(읽기, 쓰기, 셈하기)에 초점을 맞추어서 목표를 정했습니다.

국어
- 초등 1, 2학년 대상, 독해 교재를 스스로 해결한다(80% 이상 정답).
- 그림일기 쓰기를 충분히 한 후, 8문장 이상 줄글 일기 쓰기로 넘어간다.
- 책 읽기에 흥미를 유지하며 독서 기록을 한다.

수학
- 초등 1학년 1학기 수학 교과에 나오는 개념을 이해해 문제를 해결한다.
- 초등 1학년 대상, 사고력 수학 교재를 두 권 이상 마무리한다.
- 덧셈과 뺄셈 원리를 이해해 연산 문제를 해결한다.

목표를 세웠다면, 아이의 학습 시간을 좀 더 의미 있게 만들어야 합니다. 아이가 그 목표를 향해 성장해가는 과정에서 어려움이 있을 때 돕는 부모의 역할에 충실해야 하죠. 아이와 함께 왜 지금 이 공부를 하고 있는지 등 공부의 이유를 찾는 학습 대화를 나누는 것도 좋습니다.

⑤ 목표 달성을 위한 학습 과제 정하기

목표에 맞춰 학습 과제를 선정합니다. 즉, 목표를 달성할 수 있는 학습 과제를 정하는 것입니다. 모든 학습 과제를 매일 할 필요는 없으며, 교재를 사용하는 경우, 아이의 학습 수준과 교재 수준을 고려해 아이가 적절한 분량의 학습을 할 수 있게 합니다.

목표를 고려해 학습 과제 정하기

* 이 학습 과제는 예시입니다. 우리 아이에게 적절한 학습 과제를 정해보세요.

목표	학습 과제 및 주당 학습 횟수
초등 1, 2학년 대상, 독해 교재를 스스로 해결한다(80% 이상 정답).	초등 1, 2학년 대상, 독해 교재 풀기(주 3회)
그림일기 쓰기를 충분히 한 후, 8문장 이상 줄글 일기 쓰기로 넘어간다.	그림일기 쓰기(주 3회)
책 읽기에 흥미를 유지하며 독서 기록을 한다.	책 읽고 독서 기록하기(매일)
초등 1학년 1학기 수학 교과에 나오는 개념을 이해해 문제를 해결한다.	초등 1학년 1학기 수학 기본 교재 풀기(매일) 초등 1학년 수학 교과서 복습하기(주 1회)
초등 1학년 대상, 사고력 수학 교재를 두 권 이상 마무리한다.	초등 1학년 대상, 사고력 수학 교재 풀기 (주 2회)
덧셈과 뺄셈 원리를 이해해 연산 문제를 해결한다.	아이 수준에 맞는 연산 교재 풀기(매일)

학습 과제를 정할 때, 다음과 같은 내용을 고려하면 좀 더 효과적인 학습 계획을 세울 수 있습니다.

(교재가 필요한 학습 과제일 경우) 어떤 교재로 학습할 것인가?	• 교재 수준 • 교재에서 다루는 내용 • 교재 구성 • 아이 선호도 등
어떤 방법으로 학습할 것인가?	• 집에서 엄마 혹은 아빠가 가르치기(엄마표, 아빠표) • 학원 • 학습지 등
언제 학습할 것인가?	• 학교 가기 전 • 학교 다녀와서 • 저녁 식사 후 등
어디서 학습할 것인가?	• 거실 • 아이 방 • 학원 등
학습 보상은 어떻게 할 것인가?	• 보상 기준 • 보상 방법 등

• 어떤 교재, 어떤 방법으로 학습할 것인가?

학습 교재와 학습 방법 정하기는 학습 목표 세우기, 학습 과제 정하기와 동시에 할 수 있습니다. 아이가 학원을 다니거나 학습지를 해야 한다면 학원이나 학습지에서 배우는 내용, 진도에 맞춰서 목표를 세울 수 있습니다. 이미 아이가 해 온 교재들이 있다면, 그것에 맞춰서 목표를 세울 수도 있습니다. 편의상 '배우는 내용 확인하기, 아이의 학습 수준 파악하기, 배워야 할 내용 정하기, 목표와 학습 과제 정하기'와 같이 학습 계획 과정을 분리해서 제시했지만, 실제로 해보면 통합적으로 이뤄지는 경우가 많습니다.

학습 계획을 세우는 데 정답이 있는 건 아닙니다. 학습 계획을 세우는 과정을 통해 '어떻게 해야 아이의 학습 성장에 도움이 될지 생각하는 것', '우리 아이가 지금 왜 이 공부를 하고 있는지 아는 것'만으로도 의미가 있죠. 다시 말해 '내가 가르치기 어려우니깐 학원이나 학습지를 시켜야겠다.'가 아니라 '학원, 학습지를 하는 것이 아이의 학습 성장에 더욱 도움이 되겠다.'라고 생각해서 선택하면 되는 것입니다. 이런 관점을 가지면 지금 아이가 풀고 있는 학습 교재나 학원에서 하는 공부가 진정으로 학습 성장에 도움이 되는지 판단할 수 있습니다.

• 언제, 어디서 학습할 것인가?

아이마다 학습이 잘되는 시간이나 장소(선호하는 학습 환경)에 차이가 있습니다. 어떤 아이는 오전 시간에 거실 책상에서 공부하는 걸 좋아합니다. 이때 학습을 해야 더 집중해서 잘합니다. 또 어떤 아이는 오후에 독립적인 공간에서 공부할 때 집중이 잘 된다고 합니다.

학습 부담이 적은 초등 1학년 때 자신에게 효과적인 학습 환경을 찾는 과정을 경험할 수 있게 해주세요. 이를 통해 아이에게 '나에게 잘 맞는 학습 시간, 학습 장소'가 있다는 사실을 알려줄 수 있습니다. 자신에게 맞는 학습 환경이 있다는 걸 아는 것과 모르는 데에는 차이가 있습니다. 아이는 자라면서 몇 번씩 변하기에 학습에 적절한 시간이나 장소가 바뀔 수 있습니다. 하지만 아이가 '자신에게 학습이 잘되는 시간, 잘되는 장소가 있다는 것'을 안다면 아이 스스로 학습이 잘되는 시간과 장소를 찾아 효과적인 학습을 해나갈 수 있을 것입니다.

• 아이 학습에 대한 보상은 어떻게 할 것인가?

아이가 학습을 했을 때 보상을 주면, 학습 동기(공부하고 싶은 마음)를 갖게 할 수 있습니다. 특히 학습에 익숙하지 않은 아이에게 적절한 보상을 사용하면 아이를 학습으로 이끄는 데 도움이 됩니다. 이제 막 학습을 시작하고, 학습에 흥미가 없는 아이라면 보상을 사용해보세요.

보상을 효과적으로 사용하는 방법

- 언제, 어떻게 보상을 줄 것인지 명확해야 합니다.
- 즉각적 보상을 해야 합니다.
- 보상을 제공할 때 어떤 이유로 받는 것인지 이야기합니다.
- 보상 방법을 아이와 협의해 결정합니다.
- 학습보다 보상이 우선되지 않게 합니다.

보상을 사용하는 것이 무조건 좋은 점만 있는 건 아닙니다. 보상을 적절하지 않은 방법으로 사용하면 아이가 보상에 목적을 두게 되어 보상이 없으면 학습하지 않으려는 마음을 가질 수도 있습니다. 보상이 있어야만 학습을 하려는 마음은 아이의 학습 성장에 도움을 주지 않습니다. 아이가 성장함에 따라 보상을 줄이거나 보상을 받기 위한 조건을 좀 더 까다롭게 하되, 아이가 학습을 통한 성취감, 뿌듯함을 맛볼 수 있는 기회를 줘야 합니다. '아이가 보상이 없어도 학습을 할 수 있게 도와야 겠다.'라는 마음가짐으로 보상을 사용해주세요.

아이가 해야 할 학습 과제를 목록으로 만듭니다. 목록 자체를 학습 계획표로 이용할 수도 있고, 부모님과 아이에게 맞는 학습 계획표 형식으로 목록을 정리할 수도 있습니다.

하니쌤이 만든 학습 계획표

아이에게 맞는 학습 계획표를 만드는 일은 매우 어렵습니다. 아이가 성장함에 따라 학습 계획표에 변화를 줘야 할 때가 있고, 처음에는 괜찮다고 생각했던 것이 하다 보니 아닌 경우도 있기 때문입니다. 처음부터 학습 계획표를 잘 만들려고 하기보다 '잘 안 맞으면 고치자!'라는 마음으로 시도해보길 권장합니다. 사실, 교육에 대해 잘 알고 있다고 생각한 저도 학습 계획표 작성에 시행착오를 여러 번 겪었거든요. 제가 만든 학습 계획표를 예시로 보여드립니다.

＊다음 계획표들은 예시로, 학습 과제나 분량은 아이에게 맞춰 다양하게 만들어 사용하세요.

1. 주간 학습 제시형

필수 과제	
국어	
독해 교재(○회)	책 3권 이상 읽기(매일)
받아쓰기(○회)	바른 글씨 쓰기(○회)
그림일기(○회)	

수학	
《수학》책, 《수학익힘책》 복습(○회)	도형 문제집(매일)
연산 문제집(매일)	사고력 수학 교재(○회)

영어	
영어 30분 흘려 듣기(○회)	영어 그림책 소리 내어 읽기

선택 활동: 수학놀이(마방진, 미로, 칠교, 스도쿠 등) / 미술 놀이(종이접기, 만들기, 그리기 등) / 음악 놀이(피아노, 악기 놀이, 노래 부르기 등) / 신체 놀이(댄스, 균형잡기, 매트 놀이 등)

이 계획표는 정해진 요일 없이 일주일 동안 해야 할 과제를 제시합니다. 이 계획표의 장점을 들자면 아이 스스로 학습 과제를 선택해 좀 더 책임감을 갖고 실천할 수 있다는 것입니다. 하지만 단점도 있는데, 아이가 좋아하는 과제와 싫어하는 과제를 균형 있게 선택하지 않을 경우, 싫어하는 과제만 남아서 학습에 어려움을 겪는 상황이 올 수도 있습니다. 또, 시각적으로 일주일 과제를 다 해야 과제를 모두 했다는 느낌이 들기에, 아이가 과제를 마치고 성취감을 맛보기까지 걸리는 시간이 '일일 학습 제시형'에 비해서 깁니다.

따라서 '주간 학습 제시형'을 사용할 땐 아이가 학습 과제를 잘 선택할 수 있게 도와줘야 합니다. 어렵고 싫은 과제만 남길 경우, 어떻게 될 수 있는지 알려줘도 좋습니다. 그리고 학습 성취감을 좀 더 자주 느낄 수 있게 아이가 그날 선택한 과제를 다 했을 땐 칭찬과 격려를 충분히 해줘야 합니다.

좋아요 아이가 그날 해야 할 과제를 스스로 선택함으로써, 학습을 더욱 열심히 하려는 마음가짐을 갖게 할 수 있어요.

주의해요 초반에 아이가 좋아하는 학습 과제만 선택할 경우, 후반부 학습이 어려울 수 있습니다. 선택의 중요성을 알 수 있게 도와주세요.

2. 일일 학습 제시형

월	화	수	목	금	토	일
책 읽기	책 읽기	책 읽기	책 읽기	책 읽기	책 읽기	책 읽기
연산 문제집	받아쓰기 연습	독해 교재	바른 글씨 쓰기	독해 교재	일기 쓰기	영어 그림책 읽기
수학 사고력 문제집	연산 문제집	연산 문제집	연산 문제집	연산 문제집	영어 듣기	영어 듣기
영어 듣기	수학 교과 문제집	수학 사고력 문제집	수학 교과 문제집	《수학》 교과서, 《수학익힘책》		

이번에는 '일일 학습 제시형'입니다. 이 계획표는 하루에 해야 할 과제를 마칠 때마다 학습 성취감을 느낄 수 있습니다. 매일 정해진 학습 과제를 하기 때문에 학습 습관을 기르기에도 좋습니다. 하지만 아이의 학습 선택권이 '주간 학습 제시형'에 비해 적어서 학습에 대한 책임감을 덜 느낄 수 있습니다. 아이가 '어쩔 수 없이 한다.'라는 생각을 가지고, 학습을 대충 할 수도 있습니다.

따라서 '일일 학습 제시형'을 사용한다면 아이와 함께 학습 계획표를 작성하는 것이 좋습니다. 아이가 학습 계획표를 작성하는 데 참여함으로써 좀 더 학습에 대한 책임감을 갖기 때문입니다.

좋아요 학습 성취감을 느끼기 좋고 학습 습관을 기르는 데 도움이 돼요.

주의해요 아이의 선택이 들어가지 않은 계획은 학습에 대한 흥미를 떨어뜨릴 수 있어요. 아이와 함께 계획을 세워보세요.

→ 주간 학습 제시형, 일일 학습 제시형 모두 장단점이 있습니다. 따라서 아이의 현재 학습 수준과 성향을 고려해, 학습 계획표를 적절히 선택하고 수정하여 사용해야 합니다. 만약 아이가 학습에 성공하는 경험을 많이 해야 하는 상황이라면, 하루 단위가 아니라 오전, 오후 단위로 학습 과제를 제시할 수도 있습니다.

3. 영역별 학습 제시형

국어		
읽기	독해	독해 교재(수, 금)
	독서(비문학)	하루 한 권 이상 비문학 책 읽기
	독서(문학)	하루 두 권 이상 문학 책 읽기
쓰기	받아쓰기	받아쓰기(화)
	글쓰기	일기 쓰기(토)
	글씨 쓰기	바른 글씨 쓰기 교재(목)
수학		
연산	수 개념, 연산 원리 (정확성, 속도, 연산 기초)	연산 교재(매일)
교과	교과서	《수학》 교과서, 《수학익힘책》 점검(금)
사고력	사고력 교재	사고력 교재(월, 수)
영어		
기본	영어 책 읽기	영어 그림책 읽기(주말)
듣기	영어 흘려 듣기	영어 영상 30분 보기(주말, 주중에 시간 날 때)

어떤 부모님은 "저는 목표를 세우는 것부터도 너무 어려워요!"라고 할 수도 있습니다. 그러면 목표를 세우는 부담을 내려놓고, 아이가 학습해야 할 내용과 영역을 정하는 데서 시작해볼 수 있습니다. 예를 들어, 국어는 읽기, 쓰기로 영역을 정하고, 수학은 교과, 연산, 도형, 사고력으로 영역을 정하는 것입니다. 영역을 정한 뒤, 각 영역에 대한 학습을 어떻게 할 것인지 계획을 세워보세요. 단, 이런 영역을 정할 땐 '아이가 왜 이 영역을 학습해야 하는지' 나름대로 이유가 있어야 합니다. 그래야 학습에 의미를 찾을 수 있고, 학습 성장에도 도움을 줄 수 있기 때문입니다.

이 방법은 '목표 세우기', '아이의 학습 수준을 고려한 학습 과제 정하기' 같은 과정을 거치지 않아서 편합니다. 하지만 아이의 학습 수준과 성향보다는 아이가 학습할 내용, 영역에 좀 더 중점을 두고 계획을 세우기 때문에, 이 계획이 우리 아이에게 잘 맞는지 주기적으로 성찰해야 합니다.

좋아요 부담이 적어요.
주의해요 목표가 없어서 진도 중심의 학습이 될 수 있어요. 아이가 하는 학습이 어떤 의미가 있는지 주기적으로 점검해주세요.

학습 실천하고 성찰하기

① 계획한 대로 잘되기만 할까?

계획을 세웠으니 이제 계획대로 실천하면 됩니다. 하지만 계획한 대로 잘되기만 할까요? 아이들은 기계가 아닙니다. 부모님도 기계가 아니죠. 사람입니다. 체력, 심리 상태 등이 학습을 좌우하게 된다는 걸 잊으면 안 됩니다. 계획대로 잘되기만 하진 않습니다.

저 역시도 계획한 대로 다 잘된 건 아니었죠. 아이의 학습을 도울 땐 유연성을 발휘해야 할 때가 있습니다. 매번 유연성을 발휘하라는 건 아닙니다. 유연성을 발휘해야 할 땐 발휘하고, 밀고 나가야 할 땐 밀고 나가야 합니다. 언제 유연성을 발휘할지, 언제 밀고 나갈지를 선택하는 건 부모님의 몫입니다. 아이가 "오늘 공부하기 싫어요."라고 말할 때 어떤 상태인지, 어떤 마음인지 잘 파악해서 선택을 해야 하는 것이죠. 우리 아이의 학습을 돕는 건 우리 아이에 대한 관심에서부터 시작합니다. 우리 아이가 어떤 마음인지, 어떤 컨디션인지 관심을 가져야 하는 것이죠.

② 학습 성찰, 어떻게 할까?

아이의 학습 관리는 '아이가 학습 계획대로 잘 실천하고 있어!'라는 데에서 끝나면 안 됩니다. 실제로 학습 성장이 잘 이뤄지고 있는지를 확인하고 성찰해야 합니다. 제 경우, 하루 단위, 일주일 단위, 그리고 교재를 마친 뒤에도 학습 성찰을 했습니다.

학습 성찰 방법	
하루 단위 성찰	• 아이가 하루 동안 학습한 내용, 과정에 대해 성찰하기 • 학습한 내용을 잘 이해하고 있는지 점검하고, 좀 더 이해를 도울 부분이 있으면 보충하기 • 대충 하는 것과 꼼꼼히 하는 것의 차이를 알려주기 • 그날 학습한 내용은 그날 피드백해주기
일주일 단위 성찰	• 일주일 동안 했던 학습이 효과적이었는지 성찰하기 • 지금 아이가 하고 있는 학습보다 더 좋은 방법은 없는지 생각하고, 필요에 따라 학습 계획 수정·보완하기 • 아이의 학습과 학습 관리에 대해 성찰하기 • '이번 주 학습에서 좋았던 점'과 '아쉬웠던 점', '다음 주 학습에 좀 더 필요한 점' 등을 아이와 함께 성찰함으로써 아이의 메타인지 길러주기
목표(교재)를 달성했을 때의 성찰	• 정해진 학습 과제나 교재를 마친 후: 비슷한 수준에서 복습할 것인지, 그 다음 단계로 나아갈 것인지 결정하기 위해 성찰하기 • 사례 ① 아이가 그림일기를 5문장 이상 쓸 경우: 다음 단계로 나아갈 것인지 아이가 그동안 써온 그림일기를 보고 결정하기 사례 ② 아이가 수학 교재를 다 풀었을 때: 다음 단계로 나아갈 것인지, 한 번 더 비슷한 수준에서 보충할 것인지 그동안 수학 교재를 푼 것을 보고 결정하기

세 가지 성찰 모두 중요하지만, 이 중 다소 생소할 수 있는 일주일 단위의 성찰에 대해 조금 더 살펴볼게요. 저는 이것이 굉장히 중요하다고 생각합니다. 아이의 메타인지를 기르는 데 꼭 필요한 과정이기 때문입니다.

초등 1학년부터 메타인지 길러주기

메타인지는 자기 자신에 대해 이해하는 능력입니다. 학습과 연관해서 보면 자기 스스로 학습을 어떻게 하고 있는지 바라보는 능력이며, 더 나아가 학습 과정을 조절하는 능력까지 포함합니다. 메타인지는 진정한 자기 주도 학습을 가능하게 하는 데 꼭 필요한 요소입니다. 효과적인 자기 주도 학습이 가능하려면 아이 스스로 학습이 어떻게 이뤄지고 있는지, 잘되고 있는지, 부족한 점은 없는지를 제대로 판단해야 합니다. 이런 능력은 초등 1학년부터 기를 수 있게 도와줄 수 있습니다. 학습 과정에서 메타인지를 기를 수 있는 방법과 이제 막 학습을 시작한 초등 1학년 아이에게 적용할 수 있는 방법을 알아볼까요?

- **메타인지의 존재를 알아요.**
아이도 부모님도 학습이라고 하면 교재 진도를 나가고, 문제 푸는 것만을 생각하는 경우가 많습니다. 그러면 학습도 알아서 잘된다고 생각하는 것이죠. 하지만 이렇게 했음에도 정작 실력 발휘를 해야 하는 상황에서, 혹은 학년이 올라감에 따라 성적이 잘 나오지 않는 경우가 있습니다. 왜 이런 일이 생길까요? 내용을 제대로 이해하지 못한 상태에서 적절하지 않은 방법으로 학습을 진행했기 때문입니다. 이런 일이 생기지 않게 하려면 메타인지를 잘 활용해야 하며, 무엇보다도 학습의 주체인 아이가 메타인지의 존재를 알아야 합니다. 메타인지의 존재와 중요성을 아는 아이는 그저 진도를 빼고 문제를 많이 푸는 것이 학습의 전부라고 생각하지 않습니다.

1학년 아이에게 적용하기 | 초등 1학년 아이가 '메타인지'를 이해하는 건 어렵습니다. 눈에 보이지 않으니까요. 지금 해줄 수 있는 건 부모님이 진도 빼기, 문제 많이 풀기에만 급급해하는 모습을 보여주지 않는 것입니다. 진도를 조금 덜 나가고, 문제를 조금 덜 풀었더라도 '그날 학습한 내용을 제대로 이해했는지' 확인하는 시간을 갖는 것입니다. 제대로 학습하는 방법을 알려주는 것이죠. 그리고 아래에 이어지는 방법들을 사용하며, 메타인지를 어떻게 활용하는지 알려주고 보여주세요.

- 제대로 학습하는 방법을 알려주기
- 메타인지를 활용하는 방법을 알려주고 보여주기

• **스스로에게 질문해요.**

스스로에게 '내가 지금 잘하고 있는가?', '이 학습 이후로 내가 무엇을 해야 하는가?', '지금 이 학습 방법이 가장 효과적인가?'와 같은 질문을 합니다. 메타인지는 자기 스스로의 학습을 바라보는 것이기에 학습에 대해 자신에게 질문하는 것이 중요합니다.

1학년 아이에게 적용하기 | 학습을 이제 막 시작한 초등 1학년 아이가 스스로에게 이런 질문을 하는 건 어렵습니다. 처음에는 부모님이 질문을 하는 것도 좋습니다. 가능하면 아이 스스로 답을 찾게 해주되, 답 찾기에 아직 어려움이 있다면 함께 그 답에 대해 이야기를 나누거나 선택지를 제시해 아이가 질문에 대한 답을 선택하게 해보세요. 이때 주의할 점이 있습니다. 아이의 답변을 들어주되, 모든 걸 다 수용하지는 않습니다. 메타인지를 기르기 시작한 단계에 있기에 아이가 자기 학습을 제대로 바라보기 어렵기 때문입니다. 특히, 자신이 잘 모른다는 것에 부끄러움을 느끼거나 학습에 자신감이 필요 이상으로 떨어져 있는 경우, 정확한 답변을 하기 어렵겠죠. 아이의 생각을 듣고 부모님의 생각과 차이가 많이 날 땐 부모님의 생각에 아이가 이해할 수 있는 근거(아이가 학습한 교재, 아이의 학습 과정에서 보인 반응이나 태도 등)를 더해 말해주세요. 그리고 메타인지를 기르는 데 도움을 줄 수 있는 다른 방법을 함께 적용해보세요.

- "오늘 학습이 어땠니?", "내일은 무엇을 해야 할까?" 물어보기
- "엄마(아빠)는 오늘 학습한 교재를 보니까 내일 이 내용을 좀 더 보충해야 한다고 생각하는데 ○○이는 어떻게 생각하니?" 부모님의 생각을 말하며 질문에 답변하는 방법 알려주기
- '오늘 학습을 잘해서 내일 다음 진도를 나가도 된다.'라고 생각하면 초록색 색종이, '오늘 학습이 어려워서 내일 다시 보충해야 한다.'라고 생각하면 노란색 색종이 들기

• **몰라도 괜찮아요.**

많은 아이들이 두려워하는 것 중에 하나가 '모른다는 걸 인정하는 것'입니다. '모른다고 하면 부모님이나 선생님께 혼나지 않을까?' 걱정하기도 하고, '모른다고 하는 건 나 자신을 부족하게 보이게 하는 거야.'라고 생각하기도 하죠. 하지만 '모르는 것'은 당연합니다. 이미 아이가 완벽하게 다 알고 있다면 학습할 이유가 없겠죠. 모르는 것이 있어서 '학습'이 필요하다는 걸 알게 해줘야 합니다. 자신이 모르는 것이 무엇인지 판단해 그걸 더 학습하려는 마음으로 이어져야 진정한 메타인지가 발휘될 수 있겠죠.

1학년 아이에게 적용하기 | 먼저 부모님이 아이가 "모르겠어요."라고 말할 때 어떻게 반응하는지 생각해보세요. 부모님이 "이것도 모르니?", "어제 알려줬는데 어떻게 모를 수가 있니?"라는 부정적인 반응을 하지 않아야 합니다. 이런 반응은 아이가 "모르겠어요."라는 말을 하기 어렵게 만들며, 모른다는 것이 부끄러운 일이라는 인식을 갖게 하니까요.

아이가 "모르겠어요."라고 말했을 때 어떤 점이 해당 내용을 이해하기 어렵게 만드는지, 그걸 어떻게 하면 더 잘 알 수 있게 될지 함께 이야기를 나눕니다. 아이가 모르는 내용이 나왔을 때 어떻게 해야 하는지 알려주는 것입니다. "모르겠어요."라는 말을 잘하지 못하는 아이라면, 부모님이 "학습하다 보면 모르는 것이 있는 것이 당연하며, 그래서 배우는 것"이라는 이야기를 꾸준히 해줘야 합니다. 부모님도 모르는 것이 있으며, 책을 읽고 공부를 하며 늘 모르는 걸 배우려고 한다는 이야기를 해줘도 좋습니다. 만약 아이가 모르는 것에 대해 용기를 냈다면, 격려해주세요.

- 아이가 "모르겠어요."라고 말할 때 적절한 방법으로 반응하기
- 아이가 모르는 내용을 이해하기 어렵게 만드는 점이 무엇인지, 앞으로 어떻게 학습을 하면 모르는 내용을 이해하는 데 도움이 될지 이야기 나누기
- 아이가 "모르겠어요."라고 말하기 어려워하는 성향이라면 '모르는 것이 부끄러운 것이 아님'을 알려주기

• **'이해했다'는 말의 의미를 알아요.**
간혹 "오늘 배운 내용을 잘 이해했니?"라고 물어보면 이해하지 못했는데 이해했다고 하거나 반대로 이해를 잘했음에도 모르겠다고 답하는 아이가 있습니다. 고학년인데도 말이죠. 이렇게 반응하는 원인 중 하나가 '이해했다'는 말의 의미를 잘 모른다는 것입니다. 그렇다 보니 '내가 지금 이 내용을 이해한 것이 맞나?' 의문이 들겠죠. 그래서 아이가 이해했다는 것이 무슨 의미인지 알 수 있게 해줘야 합니다. '이해했다'는 말은 추상적입니다. "이해했다는 건 ○○이가 잘 알았다는 거야!"라고 알려주는 건 효과가 없습니다. 사례를 중심으로 구체적으로 알려줘야 합니다.

1학년 아이에게 적용하기 | 추상적인 말일수록 초등 1학년 아이가 이해하기 어렵습니다. 따라서 '이해했다'는 걸 알려주는 구체적인 증거를 아이 눈높이에서 알려줘야 합니다. 자신이 배운 내용을 남에게 설명할 수 있다면 잘 이해한 거라고 알려주세요. 아이가 자신이 잘 이해했는지 모르겠다고 한다면 "선생님처럼 설명해보자!", "오늘 배운 내용으로 선생님 놀이를 해보자!"라고 제안해보세요.
'이해했다'는 또 하나의 구체적인 증거는 배운 내용을 여러 상황에서 잘 적용한다는 것입니다. 예를 들어, 아이가 '10을 만들어 더하기 원리'를 제대로 이해했다면 이와 관련된 문제들을 고민하지 않고 풀 수 있으며 오답률도 낮을 것입니다. '발음과 표기가 다를 수도 있다'는 국어 원리를 이해했다면 받아쓰기 학습을 할 때 이런 원리를 적용해서 자신의 받아쓰기 학습을 진행하고 점검할 수 있을 것입니다. 받아쓰기 학습을 할 때 아이가 이 부분을 계속 놓친다면 아직 이해하지 못했다고 할 수 있죠. 아이가 학습한 교재를 보고, 학습한 개념과 원리를 다른 문제들을 푸는 데 잘 적용했는지,

학습한 개념과 원리를 적용한 다른 학습 활동을 잘하는지 확인하며 '개념과 원리를 잘 이해했는지' 이야기해보세요.

– '이해했다'는 것이 무엇인지 구체적으로 알려주기
– 배운 내용을 설명할 수 있는 기회 주기
– 학습한 개념과 원리를 여러 문제 풀이 및 학습 활동 상황에서 잘 적용하는지 살펴보기

• 학습 성찰 일지를 써요.

오늘 학습은 어땠는지, 이번 주 학습은 어땠는지 생각하며 학습 성찰 일지를 쓰는 건 메타인지를 기르는 데 큰 도움이 됩니다. 기록으로 남기는 건 자신의 이전 모습과 현재 모습을 비교할 수 있게 도와주며, 지금 하고 있는 학습이 효과적인지 아닌지 판단할 수 있는 근거를 마련해줍니다. 또, 말로만 할 때보다 좀 더 신중하게 자신의 학습을 바라볼 수 있게 도와줍니다. 말은 쉽게 사라져버리지만 글은 남아 있으니까요. 학습 성찰 일지에 쓴 내용을 바탕으로 다음 학습을 어떻게 할지 계획을 세우고, 그 계획을 실천하는 것으로 이어갈 수 있습니다. 학습 성찰 일지는 진정한 자기 주도 학습을 하게 해주는 중요한 역할을 하는 도구입니다.

1학년 아이에게 적용하기 | 학습 성찰 일지는 메타인지를 기르고 진정한 자기 주도 학습으로 나아가는 데 중요한 역할을 하지만, 이제 '한글 읽고 쓰기'와 '그림일기 쓰기'를 배우는 초등 1학년 아이에게 바로 적용하기는 어렵습니다. 따라서 초등 1학년 시기에는 학습 성찰 일지를 부모님이 쓰는 걸 권장합니다. 부모님이 쓰되, 아이와 함께 이야기를 나누며 쓰는 것입니다. 학습 성찰 일지가 중요한 역할을 하는 만큼 이 시간을 소중히 여기며, 정성을 다해 쓰는 모습을 보여줘야 합니다. 그래야 아이도 그걸 보고 배웁니다. 참고로, 저는 학습 성찰 일지를 일주일 단위로 작성했습니다. 아이와 충분히 이야기하면서 정성껏 말이죠.

같은 학습 성찰 일지를 쓰더라도 제대로 정성껏 쓰는 아이가 있는 반면, 대충 쓰는 아이도 있습니다. 진정한 자기 주도 학습을 하려면 자신의 학습을 제대로 바라보고 정

성껏 기록해, 이어지는 학습 과정에 잘 적용해야 합니다. 이것은 부모님이 쓴 일지를 통해 배울 수 있습니다.

- 부모님이 학습 성찰 일지 쓰기
- 학습 성찰 일지를 쓸 때 아이도 함께하기
- 학습 성찰 일지를 제대로 정성껏 쓰는 모습 보여주기

학습 계획을 처음부터 완벽하게 잘 세우는 건 어렵습니다. 심지어 아이들은 계속 변하고요. 아이는 변하지만 학습은 변하지 않는다면 학습의 효과성은 줄어듭니다. 아이의 변화에 맞추어 학습도 변화해야 합니다. 일주일 동안 아이가 해온 학습을 바라보며, 잘되고 있다고 생각하면 어떤 부분이 잘되었는지 생각해서 앞으로의 학습에 계속 반영해줍니다. 만약 잘 안 되는 부분이 있으면 원인을 분석해서 계획을 수정하고 보완해줘야겠죠.

아이가 유독 이번 주에 공부하기를 싫어했다면 원인을 분석해봅니다. 아이 수준에 비해 높은 수준의 교재를 하고 있는 건 아닌지, 아이의 체력이 바닥난 건 아닌지, 지금 가족 구성원 중 누군가와의 관계에서 불만이 있는 건 아닌지 등 원인을 분석하고 그걸 해소해서 더 효과적인 학습을 할 방법을 찾아야 합니다.

원인 분석 방법 5 whys

5 whys는 도요타 회사에서 사용한 "왜?"라는 질문을 다섯 번 하는 전략입니다. 5 whys는 주로 기업에서 사용한 전략이지만, 아이에게 학습 과정 중 문제가 생겼을 때 사용할 수 있습니다. 아이가 학습을 하다 보면, 혹은 부모님이 아이의 학습을 돕다 보면 여러 가지 문제가 발생합니다. 문제가 발생했을 땐 왜 그런지 생각해보고, 적절히 대처를 해야 합니다. 5 whys는 "why 왜?"라는 질문을 다섯 번 하면서 겉으로 드러나는 이유가 아닌, 안에 있는 이유를 찾는 것입니다.

> **예시** **학습 과정 중 문제: 아이가 수학 학습지를 하기 싫어한다.**
> 1. 왜 수학 학습지가 하기 싫을까? 수학 학습지가 어렵다.
> 2. 왜 수학 학습지가 어려울까? 아이 수준에 비해 높은 학습지를 풀기 때문이다.
> 3. 왜 아이 수준에 비해 높은 학습지를 풀고 있는가? 아이의 수준을 제대로 파악하지 못했기 때문이다.
> 4. 왜 아이 수준을 제대로 파악하지 못했는가? 아이 수준을 파악하는 방법을 모르기 때문이다.
> 5. 왜 아이 수준을 파악하는 방법을 모르는가? 배운 적이 없기 때문이다.

질문을 통해 부모님이 아이 수준을 잘 파악하지 못하고 있고, 파악하는 방법도 잘 모르고 있다는 사실을 깨달을 수도 있습니다.
5 whys는 학습뿐만 아니라 살아가면서 문제가 있을 때 사용해도 좋습니다. 어려운 일이 있거나 문제가 발생했을 때 사용해보시면 좋겠습니다.

학습 관리 관련 상담

상담 1 **아이의 학습을 돕다 보면 개념을 알려줘야 할 때가 있는데, 아이에게 어려운 개념을 설명하는 것이 쉽지 않습니다. 초등 1학년 아이에게 효과적으로 개념을 알려줄 수 있는 방법이 있을까요?**

원래 유아-초등 저학년 단계는 추상적인 내용을 이해하는 것이 쉽지 않습니다. 어려운 개념을 곧이곧대로 설명하면 아이가 제대로 이해하기 어려울 것입니다.

학교에서 아이들이 개념을 이해해야 하는 수업에서는 그 개념에 속하는 여러 가지 사례들을 제시하는 방법을 사용합니다. 부모님도 아이가 어떤 개념을 익히게 하기 위해 그 개념에 속하는 사례들을 알려주는 방법을 사용할 수 있습니다. 예를 들어, '흉내 내는 말' 개념을 설명하려면 흉내 내는 말에 속하는 사례, 속하지 않는 사례를 아이에게 알려주는 거죠. 책에서 '흉내 내는 말'이 나올 때 한 번 더 짚어주면서 읽는 방법도 있습니다.

> **🔍 요약**
> • 초등 1학년은 추상적인 내용을 이해하기 어려운 시기입니다.
> • 알려주고 싶은 개념에 대한 사례들을 많이 제시해주세요.

상담2 아이에게 문제 푸는 과정을 알려줄 때 시간이 오래 걸리더라도 끝까지 해주는 것이 좋을까요? 시간이 오래 걸리면 다음 날 다시 이야기해주는 것이 좋을까요?

아이와 함께 이야기해서 정합니다. 지금 끝까지 하면 좋을지, 아니면 조금 머리를 식히고 내일 한 번 다시 볼지 같이 이야기해서요. 아이가 오늘 끝까지 하고 싶다고 하면, 그 말은 들어줍니다. 아이 스스로 선택했으니 책임을 지게 하는 거죠.

하지만 이것이 집중력이 떨어지면 할 수 있는 것도 잘 안 되는 경우가 많아서 느낌상 '이건 오늘 할 것이 아니다.' 싶을 땐 아이에게 컨디션을 이유로 멈추자고 할 때도 있어야 합니다. 이렇게 하는 건, 학습에서 컨디션 관리의 중요성을 아이가 알아야 하기 때문입니다.

컨디션을 우선순위에 놓고 아이와 학습을 해야 합니다. 컨디션이 안 좋은 날, 부모님이 설명을 끝까지 한다고 해도 아이가 제대로 잘 받아들기는 어려울 것이고, 기껏 부모님이 설명을 끝까지 했는데 아이가 잘 받아들이지 못한다면 부모님 마음도 힘들겠죠. 학습에서 컨디션이 중요함을 부모님도 아이도 알고 있으면 학습을 진행하는 데 도움이 될 것입니다.

요약

- 학습 주체는 아이이므로 학습 시간에 대한 문제는 아이와 함께 이야기해서 정해보세요.
- 아이의 컨디션은 학습에 집중하고 이해하는 데 영향을 줍니다. 컨디션을 점검하며 학습을 진행해주세요.

상담 3 아이가 학습을 잘하다가도 이번 주는 학습을 하기 싫다고 거부감을 표현합니다. 가끔씩 이렇게 학습에 대한 거부감을 표현할 때 학습할 양을 많이 줄여주었는데요. 초등학교에 입학하고 나니 학습을 이렇게까지 줄여도 되는지 걱정이 됩니다.

제 아이는 초등 1학년 시기를 지났음에도 아직까지 학습을 '해야 하니까 하는 것'이라고 하면서 하고 있어요. 초등학생이 돼 학교에 가면서 자기 스스로 느낀 바도 있고, 계속 저와 학습을 꾸준히 해오면서 습관이 된 것도 있긴 합니다. 그래서 이제 조금씩 자발적으로 하기도 하지만, 그래도 '해야 해서 하는 것'이라는 생각이 좀 더 강해요. 예비초등-초등 1학년 이 시기에 있는 아이들 중에 자기 주도나 자발성에 의한 학습이 이뤄지는 경우는 아주 드물 것이라고 생각합니다. 당연히 놀고 싶어 하죠. 아직 어린 아이니까요. '엄마(아빠)에 의한 학습'을 하고 있다는 것에 힘들어하지 않으시면 좋겠어요. '엄마(아빠)에 의한 학습'을 하고 있지만, 그래도 잘 따라와 주는 아이를 기특하게 봐주시면 좋겠습니다.

놀이는 아이의 학습 성장과 스트레스 해소에 도움이 되기에 '놀이 시간'은 중요합니다. 특히, 아이가 학습을 하기 싫어할 땐 학습할 양을 줄이고 쉬어가는 주간을 갖는 것도 좋습니다. 집에서 아이의 주도로 놀이를 하되, 가능한 한 부모님도 참여하려고 노력해 보세요. 학습을 잠시 쉬고 그 시간을 놀이로 채워보는 것입니다. 마트 놀이를 할 때 간판을 만들며 한글을 쓰고, 물건 값을 계산하며 덧셈과 뺄셈을 하는 상황을 자연스럽게 접할 수 있도록 하는 것이죠. 도서관 놀이를 할 때 도서관에서 지켜야 하는 규칙을 한글로 적고, 도서관에서 책을 빌릴 땐 어떻게 해야 하는지 놀이를 통해 알려줍니다. 초등 1학년 발달 특성상 놀이를 통해 성장하는 시간도 필요합니다. 아이가 학습을 힘들어할 땐 가끔은 그것을 해소할 수 있는 시간을 주는 것도 좋습니다.

아이가 현재 학습을 줄이고 어떤 활동들을 하고 있나요? 책 읽기, 편지 쓰기, 블록 놀이, 클레이 놀이, 역할 놀이와 같은 활동을 하고 있나요? 이런 활동은 모두 학습 기반이 되는 것들입니다. 제가 언급했던 기초 학습 능력(읽기, 쓰기, 셈하기)을 포함하고 있는 활동이거든요. 초등 1학년이면 잠깐 한 템포 쉬어가야 할 땐 쉬어가도 좋다고 생각해요. 더 큰 도약을 위한 잠깐의 멈춤이라고 생각하고요. 대신 아이와 잘 이야기를 해주세요. "지금 ○○이가 학습을 조금 힘들어하는 것 같아서 줄이는데, 언제부터 다시 학습을 이전처럼 할 수 있을 것 같아? 엄마(아빠)는 2주 정도는 학습량을 줄였다가 원래처럼 했으면 좋겠는데!" 이런 식으로 어느 정도 기한을 아이와 약속해놓고 가는 것이 좋을 것 같습니다.

그리고 하나 팁을 드리면 지금 하고 있는 활동에 기억력을 높일 수 있는 놀이(메모리 게임, 낱말 거꾸로 말하기), 말놀이(초성 퀴즈, 끝말잇기 등)들을 넣어주세요. 기억력과 어휘력을 모두 잡으면 학습이 수월해지거든요. 지금 아이가 학습을 힘들어하는 상태이니 놀이로 가면 좋겠죠. 특히 기억력은 학습지로 하는 것이 오히려 한계가 있거든요. 놀이나 활동으로 접근해보세요. 기억력이 좋으면 학습을 더 편하게 할 수 있다는 건 대부분 동의할 것입니다. '기억력 높이기'가 그냥 되는 건 아니니까요. 학습을 쉬어가는 시점에서 한번 챙겨보는 것도 좋겠습니다.

🔍 요약

- 예비초등–초 1 아이들 중에 자발적 학습이 되는 경우는 드뭅니다(학습 습관을 길러주기 위해 어느 정도 부모님이 주도하는 학습이 필요한 시기).
- 교재를 푸는 것만이 학습은 아닙니다.
- 잠깐 쉬어가는 타이밍을 갖기 전에 가능하면 아이와 휴식 기한을 구체적으로 정해보세요.
- 학습을 더욱 수월하게 만들어주는 '기억력과 어휘력 기르기 활동'을 놀이로 제시해보세요.

상담 4 저는 맞벌이를 하고 있어서 아이가 할머니와 있는 시간이 많습니다. 할머니와 있을 땐 아무래도 학습이 잘 이뤄지지 않는데요. 할머니와 있을 때 학습을 하지 않고 놀기만 해서 걱정이 됩니다. 아이가 부모님과 있지 않더라도 학습을 할 수 있으면 좋겠습니다. 좋은 방법이 없을까요?

아이가 부모님과 같이 있지 않을 때 학습을 할 수 있게 하려면 무엇보다도 '학습에 대한 동기', 즉 학습을 하고자 하는 마음을 심어주는 것이 중요합니다. 학습을 하고자 하는 마음을 심어주는 방법은 다양합니다. 이 중에서 아이가 부모님과 함께 있지 않은 상황에서 사용할 수 있는 방법을 소개하겠습니다.

가장 쉽게 사용할 수 있는 방법은 '보상'입니다. 아이가 그날 해야 할 학습을 다했을 때 아이가 만족할 수 있는 보상을 제공하는 것입니다. 부모님과 함께 있지 않을 때 놀던 아이가 갑자기 학습을 하게 되기는 쉽지 않습니다. 보상을 통해 학습하고 싶은 마음을 갖게 해줄 수 있겠죠. 보상에 대한 이야기는 앞에서 다루었으므로 그 부분을 참고하면 됩니다.

제가 가장 권장하고 싶은 방법은 '부모님이 안 계시는 동안 해야 할 학습 과제를 아이 스스로 선택하기'입니다. 아이가 스스로 선택한 학습에 더욱 책임감을 갖기 때문입니다. 부모님이 "오늘 엄마, 아빠 없는 동안 수학 문제집 2장을 풀어라!"라고 지시하는 것보다 아이 스스로 "오늘 엄마, 아빠 없는 동안 수학 문제집 2장을 풀게요!"라고 선택하는 것이 학습에 대한 동기를 심어주는 데 도움이 됩니다. 어른인 저도 누군가의 지시와 명령에 의해 움직이는 것보다 스스로 선택에 의해 움직이는 걸 좋아합니다. 그리고 그 일을 더 열심히 합니다. 아이들도 마찬가지입니다. 누군가 시켜서 하는 학습보다 스스로 선택해서 하는 학습을 좋아하고 더 열심히 합니다.

학습 선택권

• 학습 과제를 정하거나 학습 계획을 세울 때 부모님이 처음부터 끝까지 다 선택하는 건 효과적인 학습으로 이끌기 어렵습니다. 아이가 학습을 자발적으로 하게 만드는 요소에는 '흥미', '실생활과 관련성', 그리고 '스스로 한 선택' 등이 있습니다. 학습이 아이의 흥미, 실생활과 관련되면 좋지만 모든 학습이 이렇기는 어렵습니다. 따라서 스스로 선택하기 전략을 사용해야 합니다. 학습을 위해 '학습 시간, 학습 장소, 학습 방법, 학습 교재' 등을 선택할 수 있습니다. 이 모든 것들을 아이 스스로 선택하게 할 수도 있지만 제한된 상황에서 일부만 선택하게 할 수도 있습니다. '부모님이 안 계시는 동안 집에서 해야 할 학습 과제'를 선택하는 상황이라면 학습 시간과 장소를 제한한 상태에서 학습 방법과 교재를 선택하는 것이 되겠죠.

1학년 아이에게 적용하기 | 학습 선택권이 자발적 학습에 도움을 주지만, 초등 1학년 아이에게 선택지 없이 선택하라고만 하면 잘못된 선택을 하게 될 가능성이 높습니다. 혹은 어떻게 선택해야 할지 몰라 부담감으로 다가올 수도 있죠. 아직 학습이 익숙하지 않으니까요. 따라서 처음부터 모든 걸 열어놓고 선택하게 하는 것보다 어느 정도 선택지를 제시한 뒤, 그중에서 선택하게 해보세요. 예를 들어, 부모님이 안 계시는 동안 집에서 해야 할 학습 과제를 선택하게 한다면 '학습 계획표에 있는 학습 과제 중'에서 선택하게 하는 것입니다.

🔍 요약

• 부모님과 함께 있지 않는 상황에서 공부하고 싶은 마음을 가질 수 있게 해주세요.
• 이를 위해 보상을 사용하거나 자기 학습에 대한 선택을 할 수 있게 해도 좋아요.

상담 5 학교에 입학하면서 시간이 부족할 것 같기도 하고, 아이가 힘들기도 할 것 같아서 학습량을 줄였어요. 그럼에도 아이가 너무 하기 싫어해서 부딪치는 일이 많았습니다. 아이도 힘들고 저도 힘든데 어떻게 극복할 수 있을까요?

학기 초 학부모님들을 상담할 때 이렇게 자주 말합니다.

"생각보다 우리 아이들이 학교에 있는 걸 힘들어해요. 긴장 상태로 있으니까요. 입학 초기나 학기 초에는 아이가 학교를 다녀오면 집에서 푹 쉬게 해주시면서, 아이의 건강을 잘 챙겨주세요. 이때 아픈 친구들도 꽤 있어요."

학교는 유치원에 비해 짧은 시간 다녀오니까 별 거 아닌 것처럼 느껴지기 쉬운데 아이들에게는 그렇지 않습니다. 집이라는 편안한 공간에서 벗어나 있는 것 자체만으로도 긴장이 되고, 더 에너지 소비가 많은 것이 아닌가 싶습니다.

그런데 아이들은 '내가 힘들다.'거나 '힘드니까 지금은 쉬어야겠다.'라는 생각을 아직은 못합니다. 그래서 이것도 알려줘야 합니다. 부모님이 아이를 보면 '지금 우리 아이가 피곤한 상태인지 아닌' 느낌이 올 것입니다. 잘 모르겠다 싶으면 '아이가 평소보다 짜증이 늘었는지', '집중력이 떨어졌는지'를 보고 확인할 수 있습니다. 그리고 아이가 학습할 컨디션이 아니다 싶으면 과감히 내려놓습니다. 공부하는 대신 휴식하라고요. 휴식할 때 할 수 있는 활동과 할 수 없는 활동을 아이와 같이 이야기해서 정하는 것도 좋습니다. 만약 휴식할 때 할 수 없는 활동을 한다면 "지금은 컨디션을 회복해야 한단다. 충분히 컨디션이 회복되었다면 해야 할 학습을 먼저 하자."라고 이야기합니다.

교육과정에서도 휴식을 강조해요!

• 아이의 건강을 잘 유지하기 위해선 적당한 휴식을 취하는 것이 중요합니다. 누리과정에는 '하루 일과에서 적당한 휴식을 취한다.'라는 내용을 익히도록 하고 있습니다. 초등학교 통합 교육과정에도 '몸과 마음을 건강하게 유지한다.'라는 내용을 배웁니다. 즉, 피곤하거나 몸이 아플 땐 휴식을 취해야 함을 유아 때부터 배우며, 초등 입학 후에도 계속해서 지도합니다.

- **'휴식의 중요성'과 관련된 자기 관리 역량**

삶, 학습, 건강, 진로에 필요한 기초적 능력 및 자질을 계발하고 관리하는 역량이 자기 관리 역량입니다. 자기 관리를 잘하기 위해선 적절히 휴식을 취할 줄 알아야 합니다. 자신이 쉬어야 할 때를 알고 실천하는 건 더 알찬 삶을 꾸려나가는 데 도움을 주기 때문입니다.

어른도 제대로 쉬지 않으면 일을 효과적으로 하기 어렵습니다. 아이도 마찬가지입니다. 아이에게 휴식 시간이 왜 필요한지, 언제 휴식 시간을 가져야 하는지, 휴식 시간을 어떻게 보내야 하는지 알 수 있게 해야 합니다.

휴식할 때 할 수 있는 활동과 할 수 없는 활동

- 휴식할 때 할 수 있는 활동: 조용히 책 읽기, 부모님이 들려주시는 이야기(책) 듣기, 누워 있기, 숨은 그림 찾기, 낱말 퍼즐 등 정적인 활동, 간식 먹기
- 휴식할 때 할 수 없는 활동: 운동, 신체놀이 등 동적인 활동

이런 과정을 반복하면서 아이들은 '학습을 위해 기본적으로 체력과 컨디션을 잘 갖춰야 한다'는 것을 알게 됩니다. 아직은 아이니까 완벽하게 관리되지는 않지만요. 그래도 전보다는 잠도 더 잘 자려고 하고, 먹기도 더 잘 먹으려고 하고, "지금은 쉬어야 할 것 같아요."라고 먼저 말할 수 있습니다. 이런 것이 자기 관리 능력이거든요. 아이가 자신의 컨디션을 스스로 관리해 학습할 수 있게 부모님이 이끌어주세요.

🔍 요약

- 학교에 다녀오는 일이 생각보다 아이들에게 힘들 수 있어요.
- 체력, 컨디션은 학습에 영향을 줍니다.
- 길게는 아이 스스로 자신의 체력과 컨디션을 관리해 학습을 할 수 있는 단계까지 나아갈 수 있게 해주세요.

상담 6 아이의 학습 시간에 대한 고민이 많습니다. 학습 계획을 짤 때 과목별로, 과제별로 시간을 어떻게 잡아야 할까요? 좋아하는 학습은 오랫동안 계속 하려고 하는데 그러다 보면 다른 교과 학습을 놓칠 때가 생깁니다. 초등 1학년 아이의 학습 시간을 어떻게 잡는 것이 좋을까요?

보통 초등 1학년 정도면 집중 시간을 10-20분 정도로 봅니다. 그래도 저는 가능하면 40분은 자리에 앉아서 주어진 과제들을 할 수 있게 하는 단계까지 오는 것이 좋겠다고 생각합니다. 학교 수업 시간이 40분이기 때문입니다. 그런데 이 40분 동안 교재 하나만 잡고 하면 아이도 엄마(아빠)도 힘들 거예요. 특히 아이가 관심 없는 교과라면 말이죠. 그래서 40분을 다채롭게 사용해주면 좋습니다.

잠깐 여기서 집중력에 대해서 좀 더 이야기를 하자면, 아이가 좋아하는 일에 집중을 잘하는 건 당연합니다. 그래서 이것만 갖고 집중력이 좋다고 하기는 어렵죠. 본인이 '하기 싫지만 꼭 해야 하는 일을 얼마나 집중해서 할 수 있는지'가 중요합니다. 공부가 하기 싫다고 "하지 마!"라고 할 수 있는 건 아니죠. 부모님이 도와줘야 할 건 이 부분입니다. 하기 싫어하는 공부더라도 집중해서 할 수 있는 능력을 갖춰야 합니다. 지금 우리 아이가 하기 싫어하는 학습, 집중하는 데 어려움이 있는 학습이 있다면 왜 그걸 싫어하는지 먼저 아이와 같이 원인을 파악해보면 좋습니다.

다시 돌아와서 이 질문은 '학습 시간 관리' 측면에서 답변할 수도 있습니다. 정해진 양을 정해진 시간에 해야 하는 것도 학습에서 꼭 필요한 능력이거든요. 제가 학습과 관련된 이야기를 할 때 자주 하는 말이 "시간과 에너지는 한정돼 있다."는 것입니다. 이런 측면에서 봤을 때 학습 시간 관리는 중요합니다.

모든 활동, 모든 교과 공부 시간이 똑같이 걸릴 수는 없습니다. 만들기 같은 조작 활동이 들어가면 활동 시간이 길어지는 건 당연하고, 문제 풀이만 하는 활동은 그에 비해 짧게 걸리겠죠. 같은 문제 풀이 활동이라도 아이가 수월하게 하는 활동은 시간이 적게 걸리지만 어려워하고 힘들어하는 활동은 오래 걸립니다.

우리 아이가 학습을 하는 데 걸리는 적절한 시간을 먼저 예상해보세요. 저는 보통 만들기 같은 조작 활동이 들어가는 학습 과제는 1시간에서 1시간 30분 정도로 잡고 합니다. 학교에서도 이런 활동은 보통 40분씩 2시간(총 80분)으로 잡고 하거든요. 이런 활동은 주로 주말에 하고, 주중에는 짧게 할 수 있는 활동을 하고 있습니다.

좋아하는 활동을 계속 하려고 해서 다른 교과 학습 시간이 부족한 것이 문제가 된다면, 아이와 사전에 언제까지 할지 정해보세요. 아이와 학습할 때 상황에 따라 타이머를 사용해보는 것도 좋습니다. 시간 개념을 길러주는 데 효과가 있거든요. 다만, 이게 너무 과잉되면 강박이 될 수도 있습니다. 만약 학습 시간 관리를 위해 타이머를 사용한다면 융통성 있게 사용하는 걸 권해드립니다.

> ### 🔍 요약
> - 학습에서 집중력은 '하기 싫은 학습을 할 때 집중하기'까지 포함합니다.
> - 집중하기 어려워하는 학습이 있다면 '왜 그런지' 원인을 분석해보세요.
> - '시간 관리 능력'은 학습(+아이 생활 면에서도)에서 꼭 필요한 능력입니다. 이를 기를 수 있는 방법을 적용해보세요(활동에 적절한 시간 배정, 시간 개념 세우기, 학습에서 우선순위 정하기 등).

상담 7 초등 1학년 시기에 학교에서 영어를 배우지는 않지만, 집에서 봐주고 싶습니다. 아이의 영어 학습을 어떻게 도와줄 수 있을까요?

학교 교육과정상 영어 교과는 3학년부터 나옵니다. 하지만 실제 가정에서는 그 이전부터 영어 교육을 하는 경우가 많죠. 영어는 언어를 배우는 교과입니다. 따라서 한글을 익힐 때와 마찬가지로 영어를 많이 접해보는 것이 도움이 됩니다. 아이가 흥미를 갖는 영어 영상을 보여주는 것부터 영어 학습을 시작하면 좋습니다. 영어 자체를 익히는 용도로 만든 영상 〈알파블록스(Alphablocks)〉, 파닉스 영상, 그리고 아이가 흥미를 갖는 영어로 된 만화 〈메이지마우스(Maisy mouse)〉, 〈페파 피그(Peppa pig)〉 등을 보여줘도 좋죠. 아이에게 영어 그림책을 많이 읽어주고, 아이 스스로도 읽어보게 해보세요. 하지만 영어 능력이 뛰어나더라도 국어 능력이 부족하면 해석을 하더라도 그 말이 무슨 의미인지 이해하지 못하므로, 국어 학습과 독서를 소홀히 하면 안 될 것입니다.

'영어 학습을 어떻게 하는지'는 부모님의 교육관이나 아이의 흥미, 적성 정도에 따라 차이가 많이 납니다. 남들이 좋다고 하는 걸 무조건 따라 하는 것보다 우리 아이를 위한 영어 교육의 목표를 명확히 세우고, 그 목표에 맞춰서 교육 방법을 정하는 것이 바람직합니다. SNS에 보면 영어 교육에 대해 일가견 있는 분이 많습니다. 그중 부모님과 영어 교육의 목표와 시각이 비슷한 분을 멘토로 정하고, 교육 방법을 참고하는 것도 좋습니다.

🔍 요약

- 영어 교육의 목적과 목표를 명확히 정해보세요.
- 영어도 언어입니다. 노출을 늘리는 것부터 시작해보세요.
- 아이의 영어 수준과 흥미 정도에 따라 내용과 방법을 결정하고, 멘토를 정해서 참고해도 좋아요.

5장

아이의 학습 성장을 돕는 대화

"얘, 단원평가 시험 점수가 이게 뭐니? 어떻게 이 문제를 또 틀릴 수가 있니?"

아이의 학습이 잘 이루어지지 않는 것 같아 아이를 이렇게 다그친 경험이 학부모라면 한 번쯤은 있을 것입니다. 그러나 이렇게 혼을 내면 아이의 학습 태도가 바뀔까요? 그렇지 않습니다. 오히려 아이의 반발심만 커지기 마련이죠.

"엄마는 왜 만날 나를 무시해? 나 이제 엄마랑 공부 안 할래요. 어차피 해도 틀리는데, 뭐."

부모님은 안타까운 마음에서 시작한 말이지만 결국 꼬리에 꼬리를 물고 감정만 상하는 대화가 오고가게 됩니다. 게다가 이런 대화가 자주 오가면 아이는 공부에 대해 자신감을 잃고 학습에 대해 부정적인 감정을 갖기 쉽죠. 따라서 아이를 비난하는 부정적인 대화의 고리를 끊어내야 합니다.

학습에 대한 긍정적 인식을 가지기 시작해야 하는 초등 1학년 시기에 이런 대화가 오갈 경우 앞으로 이어지는 학습에 더욱 어려움을 겪을 수 있습니다.

"틀려도 괜찮아. 실수를 통해 배우는 거니까. 너한테는 이 문제가 아직 어렵구나. 저번에 배운 방법이 어렵다면 다른 방법으로 공부해보는 건 어떨까?"

"틀려서 속상하니? 앞으로 어떻게 하면 틀리지 않고 풀 수 있을지 생각해볼까? 엄마(아빠)가 도와줄게!"

이렇게 오늘부터 당장 아이의 학습 성장을 위한 대화를 시작해보면 어떨까요.

1. 대화의 중요성

아이에 대한 이해

아이와의 대화는 일상에서 항상 이뤄집니다. 아이와 대화가 일상에서 잘 이뤄지지 않는다면 부모님이 좀 더 노력해야 합니다. 아이와 대화를 나누어야 아이의 마음, 상황, 상태 등을 알 수 있기 때문입니다. '대화'를 학습 성장의 측면에서 바라보세요. 아이와 학습과 관련된 대화를 하는 건 학습 성장을 위한 필수 조건입니다. 부모님이 아이의 효과적인 학습을 원한다면 학습에 대한 아이의 마음, 상황, 상태 등을 알아야 합니다. 아이가 학습을 부정적으로 바라보고 있는데 효과적으로 학습이 이뤄질 리가 없습니다. 아이의 현재 학습에 대한 인식을 알 수 있다는 측면에서 대화는 중요합니다.

바람직한 학습을 향해 가기 위한 방법

초등 1학년은 본격적인 학습을 시작하는 학년입니다. 초등 1학년부터 아이의 길고 긴 배움의 길이 시작됩니다. 학습은 쉽지 않습니다. 학습이 쉽고 재미있다면 부모님이 말하지 않아도 알아서 하겠죠. 하지만 옆에서 누가 말하지 않아도 자신이 척척 학습하는 아이는 드뭅니다. 이것만 봐도 학습이 쉬운 것이 아님을 알 수 있습니다. 사실 부모님이 어렸을 때만 떠올려도 학습을 즐겁게 했던 기억은 별로 없을 것입니다. 이렇게 보면 초등 1학년 아이가 학습을 하는 것 자체만으로도 대견하다는 생각이 들지 않으신가요?

이런 생각이 들다가도 아이가 학습을 하는 걸 지켜보면 답답하다는 생각이 들 때가 많습니다. 아이가 학습을 하기 싫어하거나, 분명히 풀수 있는 문제인데도 제대로 집중하지 않아서 틀릴 때, 학원에 가기 싫다고 할 때 등 말이죠. 초등 1학년은 집중할 수 있는 시간이 짧고, 자기가 하고 싶은 대로 하려는 욕구가 강한 시기이기에 학습 과정 중 갈등이 생기기도 쉽습니다. 어떻게 보면 학습 과정에서 아이와 갈등이 생기는 건 당연하다고도 할 수 있습니다. 아이와 학습 과정에서 갈등이 생길때 사용할 수 있는 방법이 '대화'입니다.

의사소통 역량 신장

아이가 친구들과 좋은 관계를 형성하고 유지하려면 '좋은 대화'를 할 수 있어야 합니다. 적절한 방법으로 자기 생각을 표현하는 건 물론이고, 친구들의 이야기를 경청할 수 있어야 합니다. 자기 생각을 표현하는 능력, 경청하는 능력은 저절로 길러지지 않습니다. 어떻게 해야 자기 생각을 적절하게 표현할 수 있는지, 친구의 이야기를 잘 들으려면 어떻게 해야 하는지 익혀야 합니다.

아이는 부모님과 대화하며 의사소통 역량을 기를 수 있습니다. 자기 이야기를 부모님이 어떻게 들어주는지, 부모님이 자신에게 어떤 방식으로 이야기하는지 보면서 자신의 의사소통 역량을 키워갑니다. 만약 부모님이 바람직하지 않은 방법으로 아이와 의사소통한다면, 아이는 그걸 보고 배우겠죠.

아이가 의사소통 역량을 기르고, 다른 사람과의 관계를 잘 해나갈 수 있게 하려면, 좋은 대화를 하는 경험을 제공해야 합니다. 같은 초등 1학년이라도 친구들을 배려하며 말하고, 다른 사람의 이야기를 잘 경청하는 아이가 있는 반면, 이것이 잘되지 않아 어려움을 겪는 아이도 있습니다. 우리 아이가 친구들 사이에서 잘 지내기를 원한다면 가정에서부터 좋은 대화의 중요성을 알고, 실천하기 위해 노력해야 합니다.

아이와 좋은 대화를 하기 위한 방법

- **말하고 싶은 분위기 조성하기:** 아이가 자기 생각을 부담 없이 말할 수 있는 분위기를 만듭니다. 이를 위해 "틀려도 괜찮아.", "정해진 답은 없단다."라고 말하거나, 아이를 격려하는 말을 할 수 있습니다. 민주적이고 평화로운 분위기 속에서 대화할 수 있게 합니다.

- **적극적으로 듣기:** 아이의 말을 적극적으로 듣습니다. 아이와의 의사소통에 집중하며, 아이가 '우리 엄마(아빠)는 내 이야기를 잘 들어주고 있어.'라고 생각할 수 있게 반응해줍니다. 아이의 말에 "세상에!", "저런!" 같은 감탄하는 반응을 하거나 "그랬구나!", "그런 일이 있었구나!", "힘들었겠구나!"라고 공감하는 반응을 합니다. '고개 끄덕이기', '미소 짓기'와 같은 비언어적인 표현도 아이에게 '우리 엄마(아빠)는 내 이야기에 귀 기울이고 있구나!'라는 생각을 하게 할 수 있습니다.

- **적절한 질문하기:** 아이가 말한 내용이 이해되지 않거나, 아이가 지금 겪고 있는 상황에 대해 궁금할 땐 질문하세요. 질문은 '나는 너에게 관심이 있어!'라는 걸 보여주는 방법이기도 합니다. 하지만 질문이 너무 과할 경우, 아이에게 부담이 될 수 있으므로 적정한 선에서 아이가 자기 이야기를 할 수 있게 질문합니다.

- **비언어적 표현에 신경 쓰기:** 아이와 대화할 때 표정, 말투, 자세 등 비언어적 표현에 신경 써야 합니다. 말로는 "틀려도 괜찮아.", "정해진 답은 없단다."라고 말하더라도 표정이나 말투가 그렇지 않다면 아이는 혼란스러움에 빠집니다. 이런 경험이 계속 쌓일 경우, 오히려 아이는 부모님을 신뢰하지 못하게 될 수도 있습니다.

2. 학습 성장을 위한 대화의 두 가지 유형

아이의 학습과 성장을 돕기 위한 대화는 '학습 대화'와 '성장 대화', 이렇게 두 가지 유형으로 나누어볼 수 있습니다. 각각의 유형에 대해 살펴보겠습니다.

학습 대화

학습 대화란 '학습 그 자체'에 대해 이야기를 나누는 걸 의미합니다. 학습 대화를 할 때, 아이는 '지금 하고 있는 자신의 학습에 대해 어떻게 생각하는지' 말하고, 부모님은 귀 기울여 듣습니다. 혹은 아이가 학습을 긍정적이고 바르게 바라볼 수 있게 돕는 말하기를 합니다. 학습 대화의 사례를 살펴볼게요.

① 아이 학습에 대한 피드백

부모님은 아이의 학습에 대해 적절한 피드백을 해줘야 합니다. 단순히 "잘했어!", "이게 뭐니?"라고 말하는 건 좋은 피드백이 아닙니다. 피드백을 하는 목적은 아이가 지금보다 학습을 더 잘할 수 있으려면 어떻게 노력해야 하는지 안내하는 것이기 때문입니다. 즉, 아이가 현재 학습에 대한 이해를 높일 수 있게 피드백을 해야 합니다. "잘했어!", "이게 뭐니?"와 같은 피드백으로는 앞으로 학습을 더 잘하려면 어떻게 노력해야 할지 아이에게 알려줄 수 없죠.

예를 들어볼까요? 아이가 학교에서 받아쓰기를 했는데 다 맞았다고 해볼게요. 그러면 받아쓰기를 어떻게 해서 다 맞을 수 있었는지 이야기를 나누거나 학습 방향을 안내합니다. "매일 조금씩 연습하더니 다 맞았구나! 앞으로도 이렇게 매일 조금씩 연습해보자!"라거나 "이번 받아쓰기는 받침이 없는 낱말과 문장으로 돼 있는데 열심히 공부해서 이제 잘 알고 있는 것 같구나! 이제 받침이 있는 낱말, 문장 받아쓰기 연습도 해볼까?"라고 반응하는 것입니다. "다 맞았다니 잘했어!"와는 차이가 있죠 ("잘했어!"는 좋은 피드백이 아니며 좋은 칭찬이라고 하기도 어렵습니다. 이 부분은 뒤에 나오는 '성장 대화'에서 더 다룰게요).

반대로 받아쓰기 연습을 했는데 많이 틀렸다면, "이번 받아쓰기가 ○○이에게 어려웠던 것 같구나! 어떤 부분이 어려웠는지 알려줄래?", "매일 받아쓰기 연습을 두 문장씩 해보는 건 어떨까?"라고 반응할 수 있습니다. 이 말에는 아이가 좀 더 학습을 잘할 수 있게 안내하는 정보를 담고 있습니다. "이게 뭐니?", "연습했는데 이렇게 틀렸구나!"라고 반응하는 것과 차이가 있죠.

한 가지 사례를 더 살펴볼게요. 아이가 수학 연산 문제집을 풀었는데 다 맞았을 때, "오늘 푼 연산 문제를 다 맞았구나! 연산 원리를 제대로 이해하고 있는걸! 그래도 연산 실수를 줄이고 좀 더 빨리 풀 수 있게 지금처럼 연습해보자!"라고 피드백을 할 수 있습니다. 만약 아이가 많이 틀렸다면 "오늘 한 연산이 어떤 점이 어려웠을까? 연산은 빨리 푸는 것보다 정확하게 푸는 것이 더 중요하단다. 천천히 풀더라도 정확하게 푸는 연습을 해보자!"와 같이 피드백을 할 수 있습니다. 피드백은 단순히 '잘하고 못하고'를 알려주는 것이 아니라, '어떻게 하면 지금보다 더 잘할 수 있는지'를 알려주는 것입니다.

＼ 학습 성장을 돕기 위한 효과적 피드백 ／

• **긍정적 측면 보기**: 개선할 점뿐만 아니라 잘한 점에도 초점을 맞춥니다. 개선할 점을 말할 땐 아무래도 아이가 어려워하는 학습에 대해 이야기하기가 쉽습니다. 아이가 어려워하는 학습에 대해서만 이야기를 할 경우, 아이의 자신감이 줄어들 수 있습니다. 따라서 아이가 잘한 점에 대해서도 피드백을 해주세요.

• **즉각 하기**: 학습한 후 즉각 피드백을 합니다. 학습 후 시간이 지날수록 아이는 자신의 학습 과정을 잊어버립니다. 아이가 자신이 무엇을 학습했고, 어떻게 학습했는지 명확히 알고 있을 때 효과적인 피드백이 가능합니다. 아이가 자기 학습 과정에 대해 가장 잘 알고 있는 시기는 학습 직후입니다.

• **피드백 전 점검하기**: 지금 내가 하려는 피드백이 아이가 학습을 더 잘할 수 있게 돕기 위한 피드백인지 스스로 점검합니다. 아이에게 피드백하기 전에 멈추고 '지금 내가 하려는 피드백이 아이에게 도움이 되는 것인지' 생각해봅니다.

• **아이의 학습 자체에 집중하기**: 아이에 집중하지 말고, '아이가 한 학습'에 집중합니다. 아이가 지금 하고 있는 학습 내용을 제대로 이해하고 있는지, 만약 그렇지 않다

면 어떤 점에서 어려움을 겪는지 아이의 학습 자체에 집중하는 것입니다. '아이'와 '아이가 하고 있는 학습'은 다릅니다. 아이에만 집중해서 잘잘못을 따지듯이 이야기하면 당연히 아이의 부담감과 거부감이 높아집니다. 아이가 변화하기 원한다면 아이가 한 학습에 집중해서 피드백을 해야 합니다.

- **공부하고 싶은 마음 불러일으키기:** 아이가 문제를 잘 해결했을 때, 기회를 놓치지 않고 피드백을 합니다. 지금 학습한 것처럼 계속 해나가야겠다는 생각이 들게 하는 것입니다. 특히 평소에 어려워했던 부분을 잘했다면 꼭 짚어줘야 합니다.

② 지금 하고 있는 학습에 대한 대화

아이가 현재 학습에 대해 어떻게 생각하는지 알아보고, 자신의 학습을 객관적으로 바라보게 하며, 최종적으로는 효과적인 자기 주도 학습을 할 수 있게 이끄는 것이 목적인 대화입니다.

아이가 학습에 대해 어떻게 생각하는지 이야기를 나누고, 좀 더 효과적인 학습이 이뤄질 수 있도록 개선할 부분이 있으면 그 부분을 개선해 이후 학습을 진행합니다. 이를 통해 아이는 학습이 무작정 누가 시키는 대로, 딱 정해진 대로 하는 것이 아니라는 걸 알 수 있습니다.

그리고 학습하면서 부족한 부분이 있다면 그걸 채워주기 위해 기존에 해오던 학습을 수정할 수 있음도 알게 됩니다. 더 나은 학습을 위한 성찰 과정이라고도 볼 수 있죠. 학습 성찰은 초등 1학년 아이가 처음부터 스스로 하기는 어렵기에 학습 대화를 통해 익힐 수 있게 해야 합니다.

학습이 잘되고 있다고 생각하는지, 어려운 점은 없는지, 학습과 관련해서 엄마나 아빠에게 부탁할 점은 없는지 등을 주제로 이야기를 나누어보세요. 이때 주의할 점이 있습니다. 아이가 처음에는 자신의 부족한 점에 대해 말하기를 싫어할 수도 있다는 것입니다. 그래서 학습 대화는 늘 성장 대화와 함께 이뤄져야 합니다('성장 대화'는 이후에 좀 더 자세히 다루었습니다).

학습 과정에서 아이와 협상하기

아이의 학습을 도와줄 땐 '협상'이 필요합니다. 아이에게 맞춰서 학습을 도와주는 것과 무조건 아이가 원하는 대로 하는 것은 다릅니다. 학습을 진행할 때 부모님이 원하는 것과 아이가 원하는 것에 차이가 날 때가 많이 있습니다. 이때 협상을 해야 하는데, 무조건 아이에게 끌려가는 건 좋은 협상이라고 보기 어렵습니다.

• 서로가 원하는 것 들어주기
아이가 원하는 걸 들어주되, 대신 부모님이 원하는 것도 갖고 오는 것이 좋습니다. 예를 들어 아이가 오늘 공부를 그만하고 싶다고 하면 "오늘 못한 걸 내일 하자!"라고 하는 것, 아이가 오늘 일기 쓰기를 하고 싶지 않다고 하면, "오늘은 ○○이가 말로 이야기하면 엄마(아빠)가 글로 써줄게. 다음번에는 ○○이가 일기를 직접 쓰자!"라고 하는 것입니다.

• 신뢰의 중요성 알려주기
아이와 협상하는 상황에서 이런 이야기를 덧붙여보세요. "이건 엄마와 ○○이와 약속이야. 그런데 약속을 어기면 엄마 마음은 속상할 거야. 약속을 지킬 수 있겠니?" 아이가 약속을 지키겠다고 대답하지 않으면 "약속을 잘 지켜야 다음에도 또 이런 일이 있을 때 ○○이 이야기를 들어주기 쉬운데, 약속을 어기면 ○○이 이야기를 들어주기 어렵겠지."라고 말하며 약속과 신뢰의 중요성을 알려줍니다.

• 어려워도 해야 할 일이 있음을 알려주기

학습과 관련해서 아이와 부모님이 원하는 것이 다를 때, 서로 맞춰가는 것이 중요합니다. 길게 봤을 땐 아이가 좀 더 어려운 학습에도 도전할 수 있는 계기를 마련해줘야 하죠. 무조건 아이 말을 다 들어주면 아이가 그걸 알고 쉬운 학습만 하려는 습관이 생길 수도 있습니다. 아직은 초등 1학년이고, 아이가 학습에 익숙해지는 것이 중요한 시기이기에 지금은 부모님의 의사보다 아이의 의사를 좀 더 들어줄 수는 있겠으나, 그래도 '어려워도 해야 할 것이 있음'을 인지하게 해주세요.

사실 학습은 어렵습니다. "원래 공부는 힘든 거야. 그런데 쉽게만 하려고 하면 그 자리에서 머물고 말지. 지금보다 더 잘하려면 좀 더 어려운 공부에도 도전해 봐야 해!"라는 말을 해보세요. 어려운 걸 해내려고 노력하는 아이를 과정과 성장의 관점에서 듬뿍 칭찬하고 격려해줘야 합니다. 결과의 관점에서만 칭찬하면, 아이는 자기가 잘할 수 있는 것만 하려고 하거든요.

공부하는 것 자체도 중요하지만 아이와 학습에 대한 이야기를 많이 나누는 것도 중요합니다. 아이가 학습을 제대로 바라볼 수 있게 해줘야 하는데, 학년이 올라가면 공부해야 할 시간이 많아져서 이런 이야기를 나눌 시간이 점점 줄어듭니다. 지금부터 아이가 자기 학습을 잘 바라볼 수 있게 도와주세요.

③ 학습과 아이의 삶을 연결해주는 대화

아이가 학습하고 싶은 마음을 갖게 하려면, 지금 하는 학습이 아이의 삶과 어떻게 연결되는지 주기적으로 대화하는 것이 좋습니다. 지금 하는 학습이 자신에게 의미가 있음을 알면, 학습을 위해 좀 더 노력해야겠다는 마음도 갖기 때문이죠. "학습을 열심히 하면 공부를 잘할 수 있게 된다."라는 이야기는 학습과 아이의 삶을 연결해주는 대화가 아닙니다. 아이의 꿈을 이루기 위해선 학습이 필요하다는 걸 대화로 알려주세요. 초등 1학년 아이와 이런 대화를 나눌 수 있을지 의문이 들 수 있습니다. 하지만 아이의 꿈에 대한 이야기는 초등 1학년 이전부터도 할 수 있습니다.

아이의 효과적인 학습을 위해 아이가 꿈을 가질 수 있게 해주고, 그 꿈을 향해 달려가는 데 '학습'이 필요하다는 걸 알게 해주세요. 즉, 진로 교육이 어렸을 때부터 이뤄져야 한다는 것입니다. 간혹 진로 교육은 초등학교 고학년부터 하면 된다고 생각하는 경우가 있습니다. 하지만 어렸을 때부터 직업 세계에 대한 관심을 가질 수 있게 하고, 학년이 올라감에 따라 '자신의 흥미와 능력'과 '직업 세계의 변화'를 인지하면서 적절한 진로를 찾아가게 해야 합니다. 초등 1학년 단계에서는 아이가 자기 꿈에 대해 생각할 수 있는 경험을 제공하고, 자기 꿈과 학습이 어떻게 연결되는지 돕는 대화를 통해 좀 더 효과적인 학습으로 이어갈 수 있게 해주세요.

초등 1학년 진로 교육은 어떻게 할까요?

진로 교육을 '학교 선택하기, 직업 찾기' 정도로만 생각하면, 초등 1학년의 진로 교육 방법을 찾기 어렵습니다. 당장 어떤 대학교에 갈 건지 선택할 단계나 지금 당장 직업을 골라 학과를 선택해야 하는 단계가 아니기 때문입니다. 수학 교과가 연산, 도형, 측정 등 다양한 영역으로 이뤄져 있듯이 진로 교육도 여러 가지 영역이 있습니다. 학교와 직업을 선택하는 것뿐만 아니라, 자기 자신과 일에 대해 긍정적 인식을 갖는 것, 일과 직업에 대해 아는 것, 진로를 설계하는 것 모두 진로 교육에 포함됩니다.

이 중에서 '자기 자신과 일에 대해 긍정적 인식 갖기', '주변 세계와 직업 세계에 관심 갖기'는 초등 1학년 시기에도 충분히 할 수 있는 진로 교육입니다. 어렸을 때부터 이뤄진 진로 교육은 학습에 대한 동기를 갖게 하는 데 도움을 줍니다. 어려서 아직 진로 교육은 할 때가 아니라는 생각에서 벗어나, 지금 우리 아이에게 어떻게 진로 교육을 할 수 있을지 생각해보세요.

:: 초등 1학년, 가정에서 할 수 있는 진로 교육 내용 ::

• 자신에 대해 관심을 갖고, 자기 자신을 긍정적으로 생각하기

진로는 '자기 자신'에 대한 이해를 바탕으로 설계해야 합니다. 아이 자신이 좋아하는 활동은 무엇인지, 잘하는 활동은 무엇인지 알아야 그걸 토대로 자신의 진로를 찾을 수 있습니다. 또, 자기 자신을 긍정적으로 바라봐야 '나는 할 수 있다.'는 생각을 갖게 되며, 이는 진로를 찾는 과정에서 자신감을 갖게 합니다. 간혹 "나는 꿈이 없다."라고 이야기하는 아이들이 있습니다. 자기 자신에 대한 자신감이 없고, 부정적으로 스스로를 바라보는 아이들이 이런 이야기를 하곤 합니다. 자신에 대해 관심을 갖고, 자기 자신을 긍정적으로 생각할 수 있게 해줘야 합니다.

- **다른 사람에 대한 존중을 바탕으로, 좋은 관계를 형성하고 유지하기**

주변에 있는 직업을 떠올려보세요. 다른 사람들과의 관계 속에서 일해야 하는 경우가 많음을 알 수 있습니다. 다른 사람들과 관계를 잘 맺는 사람은 자신에게 주어진 직업을 잘 수행할 가능성이 높습니다.

- **주변 사람들의 직업과 직업 세계에 관심 갖기**

세상에 어떤 직업이 있는지 관심을 갖게 도와줄 수 있는 방법은 여러 가지가 있습니다. 아이와 가까운 사람들의 직업에 대해 이야기를 나눌 수도 있고, 동네를 다니며 직업에 대한 이야기를 나눌 수도 있습니다. 위인전, 직업 관련 동화책 등 책을 읽으며 세상에 어떤 직업들이 존재하는지, 어떤 일을 하는 직업인지 알게 해줄 수도 있습니다.

- **책임감, 의사결정 능력 기르기**

책임감과 의사결정 능력은 아이가 진로를 설계해갈 때, 또 자신의 직업을 갖게 되었을 때 필요한 능력입니다. 진로를 설계하는 과정에서 부모님이나 선생님이 아이의 진로에 대해 안내할 수는 있습니다. 하지만 선택은 결국 아이가 하는 것입니다. 선택에는 책임이 따릅니다. 그리고 더 나은 선택을 하려면 의사결정 능력을 갖추어야 합니다. 아이가 성인이 돼 자신의 직업을 갖게 되었을 때도 자신이 하는 일에 대한 책임감을 가져야 하며, 일을 하는 과정에서 선택 상황이 왔을 때, 가장 좋은 선택을 할 수 있는 능력이 필요합니다.

- **직업과 관련된 다양한 체험 활동, 역할 놀이 하기**

직업과 관련된 다양한 체험 활동을 함으로써 직업 세계에 대한 관심을 높일 수 있습니다. 만약 체험 활동을 하기 어려운 상황이라면, 직업 역할 놀이를 통해 관심을 높일 수도 있죠. 아이가 직접 하는 체험, 즐겁게 참여하는 놀이는 교육 효과가 큽니다.

성장 대화

성장 대화는 아이가 자기 자신의 삶을 '성장 과정'으로 바라볼 수 있게 돕는 대화입니다. 지능, 재능, 자질 등이 성장할 수 있다고 믿는 관점인 '성장 마인드셋'을 가질 수 있게 하는 대화라고 보면 됩니다. 아이가 학습을 포함한 자신의 삶을 성장 과정으로 볼 수 있게 하려면 부모님부터 이런 측면에서 대화해야 합니다. 결과 중심의 대화를 하는 아이는 자기 학습과 삶을 성장 과정으로 볼 수 없습니다.

성장 마인드셋

마인드셋은 '삶을 바라보는' 관점입니다. 스탠퍼드대학교 심리학과 교수인 캐럴 드웩(Carol S. Dweck) 교수는 '마인드셋이 삶에 영향을 미친다.'라는 사실을 발견했습니다. 그는 마인드셋에는 고정 마인드셋과 성장 마인드셋이 있으며, 이 중 성장 마인드셋을 가져야 함을 주장했습니다.

성장 마인드셋은 지능, 재능, 자질이 발달할 수 있다고 믿는 것입니다. 성장 마인드셋을 가진 사람은 사람마다 각자 갖고 있는 재능, 적성, 성향 등은 다르더라도 적절한 방법으로 노력하면 성장할 수 있다고 믿습니다. 이와 반대되는 개념이 고정 마인드셋입니다. 고정 마인드셋은 지능, 재능, 자질은 정해져 있다고 보는 관점이죠. 고정 마인드셋을 가진 사람은 사람의 재능, 적성, 성향 등을 변할 수 없는 것으로 봅니다. 그래서 자신이 잘하는 것만 남에게 보여주기 위해 노력합니다. 자신이 어떤 일을 잘하는 모습을 보여줘야 자기 자신이 완벽하게 보일 것이라고 생각하기 때문입니다. 그래서 내가 어떤 일을 할 때 '내가 이걸 잘할 수 있을까? 성공할 수 있을까?'에 집중하게 되죠. 성장 마인드셋을 가진 사람은 현재 자기 자신의 재능, 적성, 자질 등을 그 다음 성장을 위한 시작점으로 봅니다. 그래서 '내가 지금 이걸 잘할 수 있을지, 성공할 수 있을지'에 집중하지 않고 '더 성장하기 위해 어떻게 해야 할까?'에 집중합니다.

그런데 어떤 마인드셋을 가졌느냐에 따라서 실수를 바라보는 관점도 다릅니다. 고정 마인드셋을 가진 사람은 실수를 능력과 연결시킵니다. 실수를 하는 건 능력이 부족하기 때문이며 부끄러운 일이라고 생각하죠. 이런 생각은 실수를 할 것 같은 일에 도전하는 걸 어렵게 합니다. 성장 마인드셋을 가진 사람은 실수를 통해 배울 수 있다고 생각합니다. 실수를 했을 때 더 노력해야 한다고 보거나, 일을 해결하기 위해 더 효과적인 방법을 찾아야 한다고 보죠.

이 두 가지 마인드셋 중 우리 아이의 학습 성장에 긍정적인 영향을 미치는 건 무엇일까요? 당연히 성장 마인드셋입니다. 아이가 학습 성장을 하려면 더 어려운 학습에 도전해야 하는 시기가 있습니다. 쉽고 잘하는 내용만 학습하는 건 한계가 있습니다. 수학 연산 문제를 실수 없이 잘 푼다면 연산을 활용한 응용·심화 문제에 도전하는 것이 바람직합니다. 이미 연산 원리를 제대로 이해하고 있고, 연산 문제를 충분히 잘 푸는 아이가 그것만 붙잡고 그 이상의 것에 도전하지 않을 경우, 학습 성장에는 한계가 있습니다.

부모님의 마인드셋은 아이의 마인드셋에 영향을 줍니다. 부모님이 성장 마인드셋 관점으로 아이를 바라보면, 아이도 자기 학습과 삶을 성장 마인드셋의 관점에서 볼 수 있게 됩니다. 이 말은 아이가 성장 마인드셋의 관점을 갖기를 원한다면, 부모님부터 성장 마인드셋의 관점을 가져야 한다는 걸 의미합니다. 성장 마인드셋의 관점으로 보는 것이 어떤 것인지 알려주기 위해 사용할 수 있는 방법이 '성장 대화'입니다.

성장 마인드셋(Growth Mindset)	고정 마인드셋(Fixed Mindset)
• 지능, 재능, 자질 등은 성장할 수 있다고 믿는다. • 어려운 일에 도전한다. • '실수'를 긍정적으로 보며, 이를 통해 배운다. • 다른 사람의 충고나 조언을 통해 배울 수 있음을 안다. • 적절한 방법으로 노력하면 더 성장할 수 있다고 생각한다.	• 지능, 재능, 자질 등은 타고난 것이라고 믿는다. • '도전하기'를 거부한다. • '실수'를 두려워한다. • 다른 사람의 충고나 조언을 듣는 걸 싫어한다. • 일이 잘되지 않을 때 쉽게 포기한다.

① '긍정적인 측면'을 바라보게 하는 말

'나는 일기를 못 써.'라거나 '나는 수학에 재능이 없어.'같은 부정적인
생각은 학습 성장을 방해합니다. '나는 재능이 없다.'는 생각은 '나는 어
차피 공부해봤자 소용없으니까 안 할래!'로 이어질 수 있습니다. 따라서
아이가 자신의 학습 상황을 긍정적인 측면으로 바라보게 하는 말을 해
줘야 합니다. 학습을 잘하고 있든 못하고 있든 말이죠.

아이가 학습을 잘하고 있는 상황에서 긍정적인 측면을 바라보게 하
는 말은 하기 쉬울 것 같지만, 주의해야 할 점이 있습니다. "잘했어!",
"이런 문제를 다 맞히다니 정말 똑똑하네!"와 같은 결과 중심의 칭찬을
하지 않아야 합니다. 결과 중심의 칭찬은 아이가 자신과 학습을 긍정적
으로 보게 하는 듯하지만, 실제로는 문제를 다 맞히지 못하면 똑똑하지
않은 것, 문제를 틀리면 못한 것이라는 인식을 갖게 하는 말입니다. 이
런 인식은 잘할 수 있는 학습, 자신 있는 학습만 하게 만드는 지름길입
니다. 당연히 학습 성장과는 거리가 멀어지겠죠.

결과 중심의 칭찬 대신 '어떻게 이렇게 문제를 다 맞혔는지', '어떻
게 이렇게 학습을 잘했는지'에 초점을 맞춰 아이가 학습 과정을 긍정적
으로 바라볼 수 있는 말을 해줍니다. "오늘 학습을 참 잘했구나! 어떻게
했는지 알려줄래?"와 같은 질문을 해볼 수 있겠죠. 아이가 답변하기 어
려워하면 부모님의 생각을 이야기해보세요. "오늘은 네가 문제를 꼼꼼
히 잘 읽는 것 같았는데. ○○이는 어떻게 생각하니?" 이런 식으로 말입

니다.

그렇다면 아이가 학습을 어려워하는 상황에서 어떻게 학습의 긍정적인 측면을 바라보게 할 수 있을까요? "이렇게 문제를 못 풀다니!", "이런 것도 못하다니!"와 같은 이야기는 학습을 부정적으로 보게 만듭니다. 학습뿐만 아니라 아이 스스로를 부정적으로 보게 할 수 있습니다. '나는 이런 것도 못하는 아이야.'라는 생각을 하게 만드는 것이죠. 이런 생각은 아이의 자존감에 부정적인 영향을 미칠 뿐만 아니라 학습에 대한 무력감을 느끼게 만들기까지 합니다.

수학 문제를 풀기 어려워하는 아이가 "어제도 알려줬는데 이 문제를 못 푸니!"라는 말을 들으면 어떤 기분일까요? 그리고 수학 문제를 풀 때마다 아이에게 이런 경험이 계속 쌓인다면 어떨까요? 아이는 '나는 수학을 못해!'라고 생각하며 자신감이 줄어들겠죠. 결과 중심의 비난은 '난 어떤 수학 문제도 잘 풀 수 없어. 아무리 해도 풀 수 없을 거야. 포기할래!'라는 생각으로 이끕니다. 수포자(수학 포기자)로 나아가는 지름길이죠.

비난하는 말 대신 "이 학습을 하는 데 아직 어려움이 있구나! 엄마(아빠)도 공부할 때 이 부분이 어렵더라! 그런데 이런 방법으로 공부하니까 조금씩 잘할 수 있게 되었어!"라고 말해보세요. 부모님의 학습 경험을 말하면서, 아이의 어려움에 공감하고 더 좋은 학습 방법을 알려주는 것입니다. 이런 말은 학습에 아직 어려움이 있지만 적절한 방법으로 노력하면 더 잘할 수 있을 것이라는 인식을 갖게 해줍니다. 또, 학습의 어려움을 아이 자체의 문제라고 보지 않음으로써 아이가 자기 자신을 부정적으로 보지 않게 합니다. 아이 스스로 지금 하고 있는 학습을 더 잘하려면 어떻게 해야 할지 생각할 수 있는 기회를 주는 질문을 해도 좋습니다. "이 문제를 어떻게 하면 잘 해결할 수 있을까?"와 같은 질문을 하는 것입니다.

만약 학습 과정에서 아이가 실수를 했다면 "실수를 통해 무엇을 배웠니?"라고 물어봐도 좋습니다. 실수한 상황을 긍정적으로 바라보게 하는 질문이니까요. 실수를 두려워하는 아이는 실수를 할 것 같은 학습에 도전하기 어렵습니다. 이런 질문은 아이의 실수에 대한 두려움과 부담을 줄여줄 수 있습니다. 아이 앞에서 실수했을 때, 그 행위를 부끄러워하기보다 이 일을 통해 무엇을 배웠는지 이야기를 나눠보세요. '엄마(아빠)는 어른이라 완벽한 줄 알았는데 실수할 때가 있구나! 그런데 우리 엄마(아빠)는 실수를 통해 배우는구나! 나도 실수를 부끄러워하지 않고, 실수를 통해 배우는 사람이 돼야지!'라는 생각을 갖게 할 것입니다.

＼＼ 부정적 측면을 보게 하는 생각 → 긍정적 측면을 보게 하는 생각 ／／

아이가 학습을 하다 보면 부정적인 이야기를 할 때가 있습니다. 아이가 부정적인 이야기를 한다는 건 자신과 학습에 대해 부정적으로 인식하고 있다는 걸 의미합니다. 따라서 이걸 긍정적으로 바꿀 수 있게 도와줘야 합니다. 아이의 부정적인 생각과 언어를 어떻게 긍정적으로 바꿔줄 수 있을지 생각해보세요.

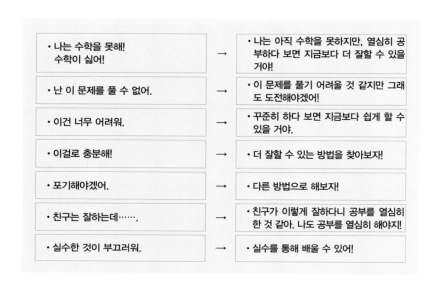

② 성장 대화, 이렇게 해보세요!

우리가 학습하던 시절에는 성장 대화를 많이 하지 않았습니다. 그래서 지금 부모님이 아이와 성장 대화를 하려면 어색하고 어려울 수 있습니다. 여기에 제시하는 성장 대화의 사례를 참고해 하루에 조금씩이라도 성장 대화를 해보려고 노력해보세요. 지금은 성장 대화를 나누는 것이 힘들더라도, 하다 보면 점점 능숙하게 할 수 있습니다. 우리 아이와 어떤 성장 대화를 나눌지 미리 준비해놓는 것도 좋습니다.

- **"재능, 두뇌, 자질은 지금보다 더 성장할 수 있어."**

  우리의 재능, 자질 등은 성장할 수 있다고 이야기합니다. 자신이 가진 능력을 성장시킬 수 있다는 관점을 가진 아이는 학습에 좀 더 적극적으로 참여할 수 있습니다.

- **"학습하고 배우는 동안 두뇌(생각 주머니)가 성장한단다."**

  학습하고 배우는 동안 뇌(생각 주머니)가 성장하고 있다고 이야기합니다. 학습이 아이의 성장에 어떤 긍정적인 영향을 주는지 알 수 있게 해주세요.

- **"꾸준히 학습하고 노력하더니 전보다 더 잘하게 되었구나. 축하해!"**

  내가 지금은 잘 못하는 것이 있더라도 노력을 통해 더 잘할 수 있음을 알려줍니다. 과거보다 지금 더 성장했음을 알려주고, 아이가 노력한 걸 축하하고 격려해주세요.

- **"이분도 이렇게 노력했구나!"**

  다른 사람의 성장 과정을 함께 살펴봅니다. 지금 무언가를 잘하는 사람도 이를 위해 노력한 과정이 있음을 알려줍니다. 능력을 타고난 사람이 있을 수도 있으나 그 타고난 능력을 더 성장시키기 위해 노력하는 사람과 능력을 방치해두는 사람은 차이가 있겠죠.

- **"노력을 해도 잘 안 될 때가 있단다. 방법을 바꿔 보는 건 어떨까?"**

  노력해도 잘 안 된다면 '방법'에 문제가 있는 것이므로, 더 효과적인 학습 방법을 찾기 위한 대화를 나눕니다. 노력해도 잘 안 되는 경험을 통해 '적절하지 않은 방법으로 노력할 필요는 없고, 노력해도 안 될 땐 방법을 바꿔야 하는구나!'를 알려줄 수 있죠.

- **"어려운 문제를 포기하지 않고 풀어서 좋았어."**

  칭찬을 싫어하는 아이는 없습니다. 단, 결과를 칭찬하지 말고 과정을 칭찬해주세요. 아이가 노력한 점, 적절한 방법으로 문제를 해결한 점 등에 대해서 칭찬하는 것입니다.

- **"글쓰기가 아직 어렵구나. 그런데 매일 쓰다 보면 조금씩 익숙해질 거야. 엄마도 그랬거든. 처음엔 글쓰기가 정말 어려웠는데 포기하지 않고 조금씩 하다 보니까 실력이 늘**

더라!"

지금 당장 눈앞에 보이는 '아이가 잘하고 못하고'에 집중하기보다 아이의 성장이라는 큰 그림 측면에서 이야기를 나눕니다. 아이가 학습에서 느끼는 어려움을 인정해주면서 부모님이 아이 나이일 때 학습하며 어려움을 느꼈던 경험과 이를 극복하기 위해 노력했던 이야기를 들려줄 수도 있습니다.

- **"어려운 일이 있으면 엄마(아빠)에게 이야기하렴! 도움을 받는 건 부끄러운 것이 아니란다. 오히려 용기 있는 일이지!"**

모든 걸 다 잘할 수는 없으며, 어려움이 있을 땐 도움을 요청하는 것이 지혜로운 방법임을 알려줍니다. 지금은 다른 사람의 도움을 통해 해결했더라도, 이런 경험이 쌓이면 스스로 해결할 수 있게 된다는 것을 이야기해주세요.

질문을 통해 아이가 자신의 성장 과정을 바라보게 도울 수도 있습니다.

- **"오늘 생각주머니(두뇌)를 자라게 한 활동은 무엇이니?"**
  "나 자신의 성장을 위해 무엇을 할 수 있을까?"

내가 지금 이 단계에 머물러 있는 것이 아니라, 계속 성장할 수 있는 존재임을 알 수 있게 도와주는 질문입니다. 이런 질문들을 통해 아이가 과거, 현재, 미래를 성장의 관점에서 바라볼 수 있게 해주세요.

- **"이 문제를 풀기 위해 어떻게 했니?"**
  "(틀린 문제가 있다면) 이 문제를 통해 무엇을 배웠니?"

문제를 맞았는지, 틀렸는지 결과에 집중하지 않고 문제를 해결하는 과정에 집중하게 하는 질문입니다. 아이의 답변을 들은 후 아이가 수행한 과정을 칭찬하고 격려해주세요.

- **"실수를 통해 무엇을 배웠니?"**
  "오늘 도전한 일은 무엇이니?"

아이가 실수에 대한 두려움을 줄일 수 있게 도와주고, 어려운 일에도 도전할 수 있는 용기를 주는 질문입니다. 아이가 완벽함과 100점을 맞는 걸 추구하는 성향이라면 이런 질문을 자주 해주세요. 자기 자신이 완벽하게 할 수 있는 일만 하는 건 오히려 학습 성장에 방해가 될 수 있습니다.

- **"잘하는(못하는) 건 무엇이라고 생각하니? 이걸 더 잘하기 위해 어떻게 할 수 있을까?"**
  사람에게는 누구나 강점과 약점이 있습니다. 강점이든 약점이든 현재보다 더 나은 수준으로 나아갈 수 있게 해줘야 합니다. 이런 질문은 강점과 약점을 어떤 방식으로 살려줄 수 있을지 생각하게 해줍니다.

초등 1학년 아이가 이런 이야기를 알아들을지, 부모님의 성장 대화를 위한 질문에 답변을 할 수 있을지에 대해 의문이 들 수도 있습니다. 처음부터 이야기를 완벽하게 알아듣거나 질문에 대한 답변을 잘하기는 어렵습니다. 하지만 '반복'과 '꾸준함'을 통해 학습을 성장 관점에서 보려는 마음가짐이 조금씩 자리 잡힐 겁니다. 만약 아이가 질문에 대해 답변하기 어려워한다면 '부모님의 성장 과정 나누기', '어른임에도 불구하고 아직 성장 과정에 있음을 알려주기', '질문에 대한 부모님의 답변을 먼저 들려주기' 같은 방법을 사용해보세요.

처음부터 완벽하게 답하기를 기대하기보다 이런 질문에 대해 생각하고 답하는 경험을 제공하고, 아이가 자기 생각을 답할 수 있게 하세요. 지속적으로 말이죠. 초등 1학년 시기에 이런 대화를 주기적으로 나누면 어느 순간부터 아이가 자신의 학습 과정에 대한 이야기를 구체적이면서도 논리적으로 할 수 있게 될 것입니다.

초등 1학년 학습 성장의 모든 것

초등 1학년은 본격적으로 학습을 시작하는 시기입니다. 초등 1학년 때부터 학습을 체계적으로 해서 기초를 탄탄히 쌓으면 다음 학년의 학습을 진행하는 데 수월합니다. 또, 아이가 학습을 어떤 방법으로 해야 할지 이해하는 데 도움을 줄 수 있습니다.

학습은 누적됩니다. 어렸을 때부터 차근차근 꼼꼼히 해온 아이와 그렇지 않은 아이는 차이가 날 수밖에 없습니다. 기초 학습 능력과 학습 습관을 제대로 갖추고, 초등 1학년에서 배워야 할 지식을 제대로 이해하고 있다면 다음 학년에 올라가서 학습의 어려움을 덜 겪을 것입니다. 다음 학년에 올라가서 학습에 어려움이 있다면 이전 학년의 학습을 보충해야 합니다. 그만큼 시간과 노력을 더 많이 써야 한다는 걸 의미하죠. 게다가 학년이 올라갈수록 아이의 자아는 강해집니다. 그만큼 부모님의 영향력이 줄어든다는 것입니다. 즉, 아이의 학습에 함께하기가 점점 더 어려워지죠. 아이 스스로 학습할 시기가 되었을 때 잘 해나갈 수 있게 해야 합니다. 이를 위해 부모님은 학습을 처음 시작하는 초등 1학년부터 우리 아이의 학습 성장을 제대로 바라볼 수 있어야 합니다.

아이가 초등 1학년 때 배우는 내용을 살펴보면 굉장히 쉽게 느껴집니다. 그렇다 보니 학습을 진행하면서 놓치는 부분이 생길 수 있습니다. 나중에 아이가 학습에 어려움을 겪을 때 부모님이 당황하는 상황이 생길 수도 있습니다. 배우는 내용이 쉬워 보이지만, 우리 아이가 앞으로 학습을 계속 해나가는 데 반드시 필요한 기초라는 걸 기억해야 합니다.

무엇보다 초등 1학년인 우리 아이가 어려 보이더라도 부모님이 학습을 관리하는 과정에 함께 참여할 수 있게 해야 합니다. 아이가 학습 관리법을 서서히 익혀가며, 학년이 올라갔을 때 효과적으로 자기 주도 학습을 할 수 있게 하기 위함입니다. 부모님이 하나부터 열까지 다 하는 것이 아니라, 아이도 이 학습 과정에 함께할 수 있게 해주세요. 학습의 주체는 아이이니까요.

아이의 학습 과정을 돕다 보면 선택 상황에 놓일 때가 많다는 걸 깨닫게 될 것입니다. 선택 상황에 놓일 때 아이의 '학습 성장'을 기준으로 선택해보세요. 아이에게 가장 좋은 선택이라고 여겼던 것이 아닐 수도 있습니다. 그럴 땐 되돌리면 됩니다. 잘못된 선택에 대한 두려움은 내려놓되, 잘못된 선택을 했다면 그걸 인정하고 좋은 선택으로 돌려주세요. 이런 과정에 아이가 함께한다면 '학습 과정에서 어떻게 선택을 해야 하는지', '잘못된 선택을 했을 땐 어떻게 해야 하는지'를 배울 수 있겠죠. 아이가 부모님의 모습을 보고 배우는 것이 생각보다 많습니다.

초등 1학년 시기에 하는 학습이 앞으로 아이의 학습 성장에 큰 영향을 준다는 걸 기억해주세요. 아이의 학습 성장을 위해 노력하는 부모님을 늘 응원하겠습니다.

엄마가 직접 써보는
우리 아이 학습 성장 노트

1. 우리 아이 교육 바라보기

나의 학습 히스토리(History)

나의 학창 시절, 나의 공부 역사를 떠올리며 우리 아이 학습을 어떻게 도울 수 있을지 생각해봅시다.

1. 나의 학창 시절을 떠올리며 '공부' 하면 떠오르는 것들을 적어봅시다.

_____

_____

_____

_____

_____

2. 공부하면서 좋았던 기억 세 가지를 구체적으로 적어봅시다.

3. 공부하면서 안 좋았던 기억 세 가지를 구체적으로 적어봅시다.

4. '나도 이렇게 공부했으면 좋았을 것 같다.'라고 생각하거나 과거에 공부했던 기억을 떠올리며 아쉬운 점을 적어봅시다.

5. 아이에게 좋은 학습 기억을 남겨주기 위해 어떻게 도움을 줄 수 있을까요? 이런 도움이 아이의 학습 성장에 어떤 영향을 줄까요?

나의 자녀교육 철학 세우기

아이 교육에서 가장 우선되어야 할 것은 자녀교육 철학을 세우는 것입니다. 아이의 학습을 돕는 과정에서 어려움을 겪을 때 '나의 자녀교육 철학'은 나침반의 역할을 합니다. 나의 자녀교육 철학을 세워봅시다.

1. 왜 아이가 공부를 해야 한다고 생각하는지 적어봅시다.

2. 아이가 성인이 되었을 때 어떤 모습이기를 바라는지 적어봅시다.

3. 앞의 두 질문에 대한 나의 답변을 생각하며, 이를 위해 아이의 학습을 어떻게 도울 수 있을지 적어봅시다.

초등 1학년 우리 아이 학습—국어

초등 1학년은 아이가 기초 학습 능력을 잘 갖출 수 있도록 도와주어야 하는 시기입니다. 기초 학습 능력이 무엇인지, 이것을 갖추어야 하는 이유가 무엇인지 생각해봅시다.

1. 기초 학습 능력이란 무엇일까요?

2. 아이가 읽기 능력을 잘 갖춰야 한다고 생각하는 이유를 적어봅시다.

3. 아이가 쓰기 능력을 잘 갖춰야 한다고 생각하는 이유를 적어봅시다.

4. 아이의 읽기 능력 성장을 위해 지금 하고 있는 일을 적어봅시다. 지금보다 좀 더 도와줄 수 있는 일에 무엇이 있는지 생각해봅니다.

5. 아이의 쓰기 능력 성장을 위해 지금 하고 있는 일을 적어봅시다. 지금보다 좀 더 도와줄 수 있는 일에 무엇이 있는지 생각해봅니다.

초등 1학년 우리 아이 학습 – 수학

수학(셈하기)이 가지는 특징과 초등 1학년 수학 학습의 중요성을 생각하며, 아이의 수학 학습 관리 역량을 높여봅시다.

1. 수학 교과의 특징은 무엇인가요?

2. 아이가 초등 1학년부터 수학 개념, 원리를 잘 이해할 수 있도록 도와줘야 하는 이유를 적어봅시다.

3. 학창 시절 수학 공부를 했던 기억을 떠올려봅시다. 나의 경험을 바탕으로 아이의 수학 능력 성장을 위해 지금 내가 무엇을 해야 할지 적어봅시다.

4. 아이의 수학 능력 성장을 위해 지금 하고 있는 일을 적어봅시다. 그리고 지금보다 더 도와줄 수 있는 일에 무엇이 있는지 생각해봅시다.

아이의 수준 파악하기

초등 1학년 기초 학습 능력 신장을 돕기 위한 체크리스트 작성 요령

1. 초등 1학년 국어, 수학 성취 기준, 교과 내용, 교과서를 참고하여 만들었습니다. 본 체크리스트에 작성한 내용은 초등 1학년 1학기, 2학기를 마쳤을 때 아이가 할 수 있어야 하는 수준입니다.

2. 본 체크리스트는 기초 학습 능력의 신장을 위해 읽기와 쓰기, 셈하기에 초점을 두고 제작하였습니다. 읽기와 쓰기는 초등 1학년 국어 교과 내용 중 읽기와 쓰기와 관련된 내용을 선정하였으며, 셈하기는 초등 1학년 수학 교과 내용 중 수와 연산 영역에서 다루는 내용을 선정하였습니다(수학 교과에서 도형·측정 영역 단원의 내용은 빠져 있습니다).

3. 매우 잘함(☆ 90% 이상), 잘함(◎ 80% 이상), 보통(○ 60% 이상), 노력(△ 60% 미만)으로 표시합니다(표시 모양은 바꿔도 됩니다).

4. 모양으로 체크하는 것이 편하긴 하지만, 아이의 학습 수준을 명확하게 파악하려면 아이의 학습 과정을 관찰한 후 문장으로 기록하는 것이 가장 좋습니다. 아이가 어려워하는 부분에 대해서는 문장으로 어떤 부분을 어려워하는지 구체적으로 기록해놓으면 아이의 학습 성장에 돕기 편합니다.

5. 학습 수준 체크는 한 번만 하지 않습니다. 주기적, 지속적으로 점검해주세요. 아이의 학습 성장 과정을 살펴볼 수 있답니다.

6. 우리 아이의 현재 수준을 최대한 정확하게 파악하여 체크한 후 더 나은 수준으로 성장할 수 있도록 돕기 위한 자료로 사용해주세요(체크리스트 결과를 가지고 아이를 혼내지 않습니다).

✓ 국어 : 말하기, 읽기

내용	날짜						
한글 읽기 말하기	자음, 모음 소릿값 알고 읽기						
	글자를 보고 읽는 속도						
	정확하게 소리 내어 낱말 말하기						
	정확하게 소리 내어 문장 말하기						
독해	글 이해 정도 (글을 읽고 문제를 얼마나 맞히나요?)						
	글 읽고 문제를 해결하는데 걸리는 시간						

✓ 국어 : 쓰기

내용	날짜						
한글 쓰기	연필 잡기						
	획순						
	글자 모양(바른 글씨 쓰기)						
일기 쓰기	구체적으로 쓰기						
	생각과 느낌 쓰기						
받아쓰기	소리와 글자가 다를 수 있음 알기						
	띄어쓰기						
	받침 없는 글자 맞춤법						
	받침 있는 글자 맞춤법						
	문장부호(마침표, 쉼표, 느낌표, 물음표)						

✓ 국어 학습 습관

내용	날짜						
학습 습관	어려운 과제에 도전하나요?						
	필요할 경우 주변에 도움을 요청하나요?						
	국어 학습을 더 잘하기 위해 노력하나요?						

✓ 수학 : 9까지의 수

내용	날짜						
9까지의 수 읽고 쓰기	주어진 수 보고 양 표시하기 (예 : 1을 보고 동그라미 한 개 표시하기)						
	수 쓰기(1, 2, 3,⋯⋯)						
	수 읽기(일, 이, 삼 / 하나, 둘, 셋)						
	수 쓰기와 읽기 문제 구분하기						
몇째	기준 이해(위에서부터, 아래에서부터)						
	순서수 이해(1과 첫째의 차이 이해)						
수의 계열	수의 순서						
	1 큰 수, 1 작은 수						
크기 비교	주어진 수 보고 큰 수, 작은 수 찾기						
	수의 크기 비교하는 문장 말하기						

✓ 수학 : 덧셈과 뺄셈

내용	날짜						
(9까지의 수 범위에서) 모으기와 가르기	구체물						
	그림						
	수						
덧셈식 쓰고 읽기	덧셈식 쓰기						
	덧셈식 읽기(두 가지 방법) • 1 더하기 1은 2와 같습니다. • 1과 1의 합은 2입니다.						
덧셈	구체물						
	그림						
	수						
	덧셈 상황 알기(첨가, 합병)						
	문장제 문제 해결하기						
뺄셈식 쓰고 읽기	뺄셈식 쓰기						
	뺄셈식 읽기(두 가지 방법) • 2 빼기 1은 1과 같습니다. • 2와 1의 차는 1입니다.						

뺄셈	구체물					
	그림					
	수					
	뺄셈 상황 알기(제거, 차이)					
	문장제 문제 해결하기					

√ 수학 : 50까지의 수

내용 / 날짜						
10의 이해	10에 대해 설명하기(예: 9 다음 수)					
50까지의 수 읽고 쓰기	수 쓰기					
	수 읽기(가능하면 맞춤법도 같이) 스물, 서른, 마흔, 쉰, 서른 다섯 등					
십 몇 모으기와 가르기	구체물					
	그림					
	수(정확도 + 속도)					
자릿값 이해	10개 묶음과 낱개로 나타내기					
	각 자릿값 숫자의 의미 (25에서 2는 20을 의미)					
수의 순서	50까지의 수의 순서					
크기 비교	큰 수, 작은 수 찾기					
	부등호 표시하기					
	수의 크기를 비교하는 문장 말하기 • 35는 31보다 큽니다. • 31은 35보다 작습니다.					

√ 수학 학습 습관

내용 / 날짜						
학습 습관	어려운 과제에 도전하나요?					
	필요할 경우 주변에 도움을 요청하나요?					
	수학 학습을 더 잘하기 위해 노력하나요?					

초등 1학년 2학기 기초학습능력 신장을 돕기 위한 체크리스트

✓ 국어 : 말하기, 읽기, 쓰기

내용	날짜						
읽기 말하기	정확하게 소리 내어 문장 읽기						
	글 읽고 중요한 내용 확인하기						
	글 읽고 누가 무엇을 했는지 알기						
	글 읽고 일어난 일 알기						
	내용에 알맞은 제목 붙이기						
독해	이해 정도(글을 읽고 문제를 얼마나 맞히나요?)						
	글 읽고 문제 해결하는 데 걸리는 시간						
한글 바르게 쓰기	연필 잡기						
	획순						
	글자 모양(바른 글씨 쓰기)						
문장 쓰기	문장부호 지켜 문장 쓰기						
	생각을 문장으로 쓰기						
	글 읽고 생각이나 느낌 문장으로 쓰기						
겪은 일 쓰기	구체적으로 쓰기(겪은 일이 잘 드러나게)						
	겪은 일에 대한 생각과 느낌 쓰기						
받아쓰기	소리와 표기가 다를 수 있음 알기						
	띄어쓰기						
	받침 없는 글자 맞춤법						
	받침 있는 글자 맞춤법						
	문장부호(마침표, 쉼표, 느낌표, 물음표 등)						

✓ 국어 학습 습관

내용	날짜						
학습 습관	어려운 과제에 도전하나요?						
	필요할 경우 주변에 도움을 요청하나요?						
	국어 학습을 더 잘하기 위해 노력하나요?						

✓ 수학 : 100까지의 수

내용		날짜						
100까지의 수 개념	두 자리의 수를 10개 묶음과 낱개로 세기							
	두 자리의 수 쓰기							
	두 자리의 수 읽기							
	두 자리의 수를 10개 묶음과 낱개로 표현하고, 각 자리의 숫자가 의미하는 수 알기							
수의 계열	수의 순서							
	1 큰 수, 1 작은 수							
크기 비교	주어진 수를 보고 큰 수, 작은 수 찾기							
	수의 크기 비교하여 기호로 나타내기							
홀수와 짝수	둘씩 짝을 짓고 짝수, 홀수 알기	구체물						
		그림						
		수						

✓ 수학 : 덧셈과 뺄셈(1)

내용		날짜						
받아올림 없는 덧셈 하기	상황에 어울리는 덧셈식 만들기							
	받아올림이 없는 (두 자리 수) + (두 자리 수) 계산 원리 말하기 (낱개는 낱개끼리, 10개 묶음은 10개 묶음끼리)							
	계산하기	정확성						
		속도						
받아내림 없는 뺄셈 하기	상황에 어울리는 뺄셈식 만들기							
	받아내림이 없는 (두 자리 수) − (두 자리 수) 계산 원리 말하기 (낱개는 낱개끼리, 10개 묶음은 10개 묶음끼리)							
	계산하기	정확성						
		속도						

✓ 수학 : 덧셈과 뺄셈(2)

내용			날짜						
세 수의 계산하기	한 자리 수인 세 수의 덧셈 계산 원리 말하기								
	한 자리 수인 세 수의 뺄셈 계산 원리 말하기								
	세 수의 덧셈하기	정확성							
		속도							
	세 수의 뺄셈하기	정확성							
		속도							
계산 원리	두 수를 바꾸어 더해도 결과가 같음 알기								
10을 활용한 덧셈과 뺄셈	10이 되는 더하기(자동적으로 답하기)								
	10에서 빼기(자동적으로 답하기)								
	두 수로 10을 만들어 세 수의 덧셈하기	정확성							
		속도							
(몇)+(몇) =(십몇)	10 만들어 더하기								
	자신이 사용한 덧셈 과정 설명하기								
	계산하기	정확성							
		속도							
(십몇)-(몇) =(몇)	10 만들어 빼기								
	자신이 사용한 뺄셈 과정 설명하기								
	계산하기	정확성							
		속도							

✓ 수학 학습 습관

내용		날짜						
학습 습관	어려운 과제에 도전하나요?							
	필요할 경우 주변에 도움을 요청하나요?							
	수학 학습을 더 잘하기 위해 노력하나요?							

초등 1학년 기초 학습 능력 신장을 위한 학습 목표, 학습 과제 작성하기

학습 목표와 학습 과제를 작성합니다. 아이의 현재 수준에 맞춰 적어보세요.

1. 목표 쓰기

앞의 체크리스트에 체크한 것을 보며, 아이가 정해진 기간(한 달, 두 달, 한 학기 등) 동안 어떻게 성장하기를 기대하는지 교과별, 영역별 목표를 구체적으로 적어봅시다.

국어	읽기 목표	
	쓰기 목표	
수학	목표	
학습 태도	목표	

2. 학습 과제 쓰기

위에 적은 목표를 보며 아이의 기초 학습 능력 신장을 위해 어떤 학습 과제를 해야 할지 구체적으로 적어봅시다.

국어	읽기 과제	
	쓰기 과제	
수학	과제	

3. 학습 계획표 작성하기

앞 장에 작성한 학습 과제들을 아래 계획표에 배치해보세요. 아이와 함께 해도 좋습니다. 이 학습 계획표는 하나의 예시일 뿐이며, 아이의 학습에 효과적인 학습 계획표 서식을 직접 만들어서 사용해도 좋습니다.

	월	화	수	목	금	주말
학습 1						
학습 2						
학습 3						
학습 4						
학습 5						
학습 6						

4. 우리 아이 학습 성장 바라보기

아이의 학습 과정 성찰하기

학습 과정 성찰 기록 작성 요령

1. 매주 아이가 해야 할 학습 과제를 다 했는지 점검하여 동그라미로 표시합니다. 학습 과제를 모두 다 했다면 아이의 학습 성공을 칭찬하고 격려하며, 어떤 이유로 다했다고 생각하는지 이야기를 나누어보세요. 학습 과제를 다 하지 못한 경우 어떤 이유로 다하지 못했다고 생각하는지 이야기를 나누며 원인을 찾아보세요. 어떻게 하면 다음 주에는 다 할 수 있을지 이야기를 나누며 아이의 학습을 도와주세요.
2. '이번 주 공부한 내용'에는 한 주 동안 아이가 공부한 내용, 전보다 더 성장한 점을 적습니다. 구체적으로 적으면 좋아요.
3. '다음 주 공부할 내용'에는 다음 주에 공부할 내용을 적습니다. 이번 주 공부한 내용 중 아이가 어려워했던 부분이 있으면 복습하고, 아이가 너무 쉽게 한 과제가 있다면 수준을 높여보세요.
4. '엄마, 아빠의 성찰 노트'에는 아이의 성장, 부모인 나의 성장에 대해 기록합니다. 칭찬할 점과 노력할 점을 구체적으로 써주세요. 아이가 자기 자신의 학습에 대해 어떻게 생각하는지, 부모님이 학습을 도와주는 것에 대해 어떻게 생각하는지 이야기를 듣고 적어도 좋습니다.

우리 아이 학습 성찰 기록

이번 주 학습 과제를 모두 다 했나요? (네 / 아니오)		날짜	
이번 주 공부한 내용	읽기		
	쓰기		
	수학		
다음 주 공부할 내용	읽기		
	쓰기		
	수학		
부모님의 성찰 노트			
우리 아이 바라보기	칭찬할 점		
	노력할 점		
나 자신 바라보기	칭찬할 점		
	노력할 점		

우리 아이 학습 성찰 기록

이번 주 학습 과제를 모두 다 했나요? (네 / 아니오)		날짜	
이번 주 공부한 내용	읽기		
	쓰기		
	수학		
다음 주 공부할 내용	읽기		
	쓰기		
	수학		
부모님의 성찰 노트			
우리 아이 바라보기	칭찬할 점		
	노력할 점		
나 자신 바라보기	칭찬할 점		
	노력할 점		

우리 아이 학습 성장 칭찬하고 격려하기

노력을 많이 했구나! 정말 열심히 했어!

공부를 열심히 했구나! 전보다 성장했어!

수학 문제를 풀기 위해 여러 가지 방법으로 도전했구나!

집중해서 끈기 있게 공부하고 있구나!

연습하니 더 성장한 것 같아!

공부를 열심히 한 만큼 좋은 점수가 나왔구나!

다른 방법을 통해 문제를 해결하는 방법을 찾았구나!

집중해서 공부하더니 그것을 제대로 이해했구나!

지난번보다 더 잘했구나! 어떤 방법을 사용했니?

아이와 성장 대화하기

아이가 학습을 긍정적으로 바라보려면 부모님이 학습에 대해 긍정적으로 이야기를 해주어야 합니다. 아이의 학습을 '성장' 관점에서 보고 어떤 말을 해주었는지 적어봅시다. 만약 기억이 나지 않거나 성장 대화를 하기 어렵다면 내일 아이에게 해주고 싶은 '성장' 관점의 말을 적어봅시다.

(　)월 (　)일 (　)요일

(　)월 (　)일 (　)요일

(　)월 (　)일 (　)요일

(　)월 (　)일 (　)요일

( )월 ( )일 ( )요일

( )월 ( )일 ( )요일

( )월 ( )일 ( )요일

( )월 ( )일 ( )요일

( )월 ( )일 ( )요일

감사 메모 쓰기

오늘 하루, 나와 아이가 성장을 위해 어떤 일을 했는지 떠올려보세요. 어제보다 더 성장한 점이 있는지 떠올려보세요. 내일의 성장을 마음속에 그려보세요. 그리고 오늘 하루 감사한 일을 메모해보세요.

날짜	( )월 ( )일 ( )요일
감사 메모	

날짜	( )월 ( )일 ( )요일
감사 메모	

날짜	( )월 ( )일 ( )요일
감사 메모	

날짜	( )월 ( )일 ( )요일
감사 메모	

날짜	( )월 ( )일 ( )요일
감사 메모	

날짜	( )월 ( )일 ( )요일
감사 메모	

날짜	( )월 ( )일 ( )요일
감사 메모	

날짜	( )월 ( )일 ( )요일
감사 메모	

날짜	( )월 ( )일 ( )요일
감사 메모	

참고문헌

교육부(2015), 《초등학교 교육과정》, 교육부 고시 제2015-74호.

교육부(2015), 《초·중등학교 교육과정 총론》, 교육부 고시 제2015-74호.

교육부(2017), 《초등학교 국어 1-1 교사용 지도서》.

교육부(2017), 《초등학교 수학 1-1 교사용 지도서》.

교육부(2017), 《초등학교 국어 1-2 교사용 지도서》.

교육부(2017), 《초등학교 수학 1-2 교사용 지도서》.

교육부(2018), 《초등학교 교육과정》, 교육부 고시 제2018-162호.

교육부·보건복지부(2019), 《유치원 교육과정》, 세종: 교육부·보건복지부.

교육부·보건복지부(2019), 《누리과정 해설서》, 세종: 교육부·보건복지부.

김경자·온정덕·이경진(2019), 《역량 함양을 위한 교육과정 설계-이해를 위한 수업》, 교육아카데미.

리사손(2019), 《메타인지 학습법》, 21세기북스.

박성연(2006), 《아동발달》, 교문사.

이상수·최정임·박인우 외(2012), 《체계적 수업 분석을 통한 수업컨설팅》, 학지사.

이영애(2012), 《아이의 사회성》, 지식채널.

이창덕·민병곤·박창균 외(2010), 《수업을 살리는 교사 화법》, 테크빌교육.

칙 무어만·낸시 웨버(2013), 《지혜로운 교사는 어떻게 말하는가》, 한문사.

캐럴 드웩(2017), 《마인드셋》, 스몰빅라이프.